Christian Jäger

Der Manager aus Nazareth
Jesus-Wissen für Führungskräfte

Christian Jäger

DER MANAGER aus Nazareth

Jesus-Wissen für Führungskräfte

BONIFATIUS

Bibliografische Information der Deutschen Nationalbibliothek:
Die Deutsche Nationalbibliothek verzeichnet diese Publikation in der Deutschen Nationalbibliografie; detaillierte bibliografische Daten sind im Internet über http://dnb.d-nb.de abrufbar.

Klimaneutrale Produktion.
Gedruckt auf umweltfreundlichem, chlorfrei gebleichtem Papier.

MIX
Papier aus verantwortungsvollen Quellen
FSC® C083411

Überarbeitete und ergänzte Neuauflage 2022

Umschlaggestaltung: Melanie Schmidt, Bonfatius GmbH
Umschlagabbildung: Elnur / AdobeStock, Duangjit Niljinda / shutterstock.com
Satz: Bonifatius GmbH, Paderborn
Druck und Bindung: CPI books GmbH, Leck
Printed in Germany
ISBN 978-3-89710-344-3

Weitere Informationen zum Verlag:
www.bonifatius-verlag.de

Inhalt

Vorwort 7
1. Führung macht den Meister 9
2. 32° 42' N, 35° 18' O 12
3. Die Spiegelneuronen 16
4. Tröstlich oder fatal? 24
5. Die drei ??? 29
6. Woran glaubst du? 36
7. Werte verwandeln 41
8. Der größte Evokator aller Zeiten 46
9. Vorsicht vor dem Boss 53
10. Gehet hinaus in alle Welt 57
11. Das Schaf Elfriede 66
12. Tempelreinigung 72
13. Das Robin-Hood-Prinzip 76
14. Nicht von dieser Welt! 82
15. Jesus, Buddha und Meister Yoda 89
16. Rabbuni! 101
17. Führen im 4/4-Takt 107
18. Die Sprache Jesu 118
19. Macht macht an 132
20. SMART 141

Vorwort

„Der Manager aus Nazareth" – wie kann so ein Titel überhaupt zustande kommen?

Geht es um einen guten Marketing-Slogan, der uns dazu animieren soll, ein Buch zu kaufen? Ist es noch ein Versuch, Gläubige und Nicht-Gläubige zu vereinen? Oder ist es doch ein Buch, das auf eine bedachte Weise beim Organisieren von Unternehmensstrukturen helfen sollte?

Nichts davon stimmt!

Als ich das Buch empfohlen bekommen habe, habe ich einfach ‚keine Ahnung' gehabt, was mich da erwartet. Ich habe es trotzdem gelesen, da ich eher neugierig war zu wissen, was uns ein Theologe (zugegebenermaßen, mit Erfahrung im Unternehmenscoaching) über das ‚Management' (auch zugegebenermaßen, ein vielfältig benutztes Wort heutzutage) zu sagen hatte. Ich habe mir insgeheim gewünscht, Hinweise über die theologisch-moralische Seite des Themas Organisationsführung zu bekommen, die ansonsten meiner Meinung nach immer zu kurz (oder gar nicht) vorkommt. Interessant fand ich auch die (kleine) Größe dieses Buchs: ist es möglich, dass man in einem für ein ‚Managementbuch' so kurzen Raum alles erklären kann, was es zum Thema gibt? Oder gibt es einfach kaum etwas, was man zu dem Thema erzählen kann …?!

Das Lesen des Buches hat mich vielfältig überrascht. Herr Jäger hat es tatsächlich geschafft, alle Erwartungen zu erfüllen und sogar Themen darüber hinaus sprachlich sehr fokussiert anzusprechen. Sämtliche Aspekte des ‚Managements' werden angesprochen, in einer im wahrsten Sinne des Wortes ‚glaubwürdigen' Art, sodass man beim Abschluss eines Kapitels gleich mit dem nächsten anfangen möchte. Dass Jesus als ein Führungsvorbild dienen könnte, ohne ‚Macht' zu beanspruchen – wer hätte das gedacht!

Ich wünsche dem Buch für diese Neuauflage ‚alles Gute', das Management des Themas ist auf jeden Fall schon mal gelungen …!

Bochum, März 2022
Prof. Dr. med. Xenofon Baraliakos

Prof. Dr. Xenofon Baraliakos ist Ärztlicher Direktor des Rheumazentrum Ruhrgebiet, Herne, das zur Ruhr-Universität Bochum gehört.

1. Führung macht den Meister

„Mein Haus, mein Auto, mein Boot“ – starke Statussymbole für den erfolgreichen Manager. Kein Haus, kein Wagen, nur ein geliehenes Fischerboot klingen dagegen eher armselig. Und doch war das die Lebenswirklichkeit des aus meiner Sicht erfolgreichsten Managers aller Zeiten.

Was zählt denn wirklich?

Die erfolgreichsten Führungskräfte der Welt sind nach einer wissenschaftlich gut fundierten Studie die so genannten Level-5-Manager. Charakteristisch für einen Level-5-Manager sind: Bescheidenheit, Entschiedenheit, Zurückhaltung, Härte und der Verzicht auf Starallüren.[1]

Unser historischer Manager aus Nazareth hat dieses Level sogar noch überboten. Mit ihm als Vorbild gelingt auch Ihnen, erfolgreich zu führen.

Das angesprochene Fischerboot hat unser Top-Manager sich geliehen von seinen Mitarbeitern Jakobus und Johannes. Sie bitten eines Tages um eine besondere Belohnung für ihren Einsatz. Die Antwort ihres Chefs ist gleichzeitig die Formel für sein vorbildliches Managen: „Da traten Jakobus und Johannes, die Söhne des Zebedäus, zu ihm und sagten: Meister, wir möchten, dass du uns eine Bitte er-

1 https://de.wikipedia.org/wiki/Jim_Collins

füllst. Er antwortete: Was soll ich für euch tun? Sie sagten zu ihm: Lass in deinem Reich einen von uns rechts und den andern links neben dir sitzen. [...] Als die zehn anderen Jünger das hörten, wurden sie sehr ärgerlich über Jakobus und Johannes. Da rief Jesus sie zu sich und sagte: Ihr wisst, dass die, die als Herrscher gelten, ihre Völker unterdrücken und die Mächtigen ihre Macht über die Menschen missbrauchen. Bei euch aber soll es nicht so sein, sondern wer bei euch groß sein will, der soll euer Diener sein, und wer bei euch der Erste sein will, soll der Sklave aller sein." (Mk 10,16-37;41-44)

Krass, oder? Der Mächtigste soll der Diener aller sein. Jakobus, Johannes und die anderen Zehn können es kaum fassen. Ob sie Jesus vollkommen verstanden haben, bleibt offen. Klar ist, dieses Machtverständnis kommt ohne Prestige und Insignien aus. Managen auf diesem Niveau ist kein Herrschen, sondern Gestalten. Jesus, der Manager aus Nazareth, macht uns vor, wie man mit unbezahlbaren Werten in Führung gehen kann.

Knappe wirtschaftliche Rahmenbedingungen, fehlende personelle Ressourcen und persönliche Überforderungen führen oft zum Scheitern. Wenn Sie verantwortlich und erfolgreich führen wollen, ohne sich selbst dabei aufzugeben, finden Sie auf den folgenden Seiten zahlreiche praxiserprobte Anwendungsbeispiele.

Der besondere Blick auf Jesus als Führungsvorbild gewährleistet zudem eine hohe Verstehbarkeit, absolute Seriosität und spannende Einblicke in die Kunst des Führens. Mit Jesus in Führung zu gehen bedeutet für Sie, auf der sicheren Seite zu sein. Nicht nur Christen oder generell religiöse Menschen, sondern alle, die gut und verantwortungsvoll führen möchten, sind mit dem „Jesus-Konzept“ auf dem richtigen Weg. Von Galiläa vor 2000 Jahren bis in die Chefetagen unserer modernen Zeit gibt es eine erstaunliche Direktverbindung. Auf geht‘s.

2. 32° 42' N, 35° 18' O

Der Blick nach Nazareth

Wer war Jesus? Genau weiß ich es nicht! Ich war leider nicht dabei, als er in Galiläa lebte und wirkte. Doch selbst als enger Vertrauter, als sein Zeitzeugenjünger hätte ich vermutlich auch nicht mehr bekennen können als Petrus. Petrus war ein enger Vertrauter von Jesus, so etwas wie der Spielführer, der Kapitän der Jüngermannschaft. Jesus hat ihn und die übrigen Jünger gefragt: „Ihr aber, für wen haltet ihr mich?" Simon Petrus antwortete: Du bist der Messias, der Sohn des lebendigen Gottes!" (Mt 16,15-16) Jesus galt als der Messias, also der Gesalbte, der Bevollmächtigte Gottes. So das Bekenntnis dieses ganz engen Vertrauten. Noch erstaunlicher klingt das unfreiwillige Bekenntnis eines Kontrahenten Jesu. Die ganze Szene ist echt skurril: „Als er [Jesus] aus dem Boot stieg, lief ihm ein Mann entgegen, der von einem unreinen Geist besessen war. Er kam von den Grabhöhlen, in denen er lebte. Man konnte ihn nicht bändigen, nicht einmal mit Fesseln. Schon oft hatte man ihn an Händen und Füßen gefesselt, aber er hatte die Ketten gesprengt und die Fesseln zerrissen; niemand konnte ihn bezwingen. Bei Tag und Nacht schrie er unaufhörlich in den Grabhöhlen und auf den Bergen und schlug sich mit Steinen. Als er Jesus von weitem sah, lief er zu ihm hin, warf sich vor ihm nieder und schrie laut: Was habe ich mit dir zu tun, Jesus, Sohn des höchsten Gottes?" (Mk 5, 2-7a) Der Dämon, der unreine Geist wusste offenbar viel mehr als die meisten Menschen. Sein Gottessohnbekenntnis entstammt keiner Verzückung oder gläubigen Überzeugung. Er kennt, erkennt Jesu göttliche Macht, wirft sich vor ihm nieder und bittet – so ist der weitere Verlauf dieser Begegnung – um Verschonung (vgl. Mk 5,7b-20).

Jesus wurde offensichtlich als Mensch und Gott wahrgenommen. Gott und Mensch, zwei Naturen in einer Person. Viele Christen der frühen Kirche, die Jesus nicht mehr live erlebt hatten, taten sich sehr schwer mit dieser Dichotomie. Intellektuelle Dispute, offene Streite und handfeste Kämpfe gingen von diesem Thema aus. Für die Glauben bekennenden Christen sollte dieses Thema seit der verbindlichen Formulierung des Credos, des großen Glaubensbekenntnisses, im 4. Jahrhundert eindeutig geklärt sein. Geklärt scheint es für viele indes bis heute nicht. Gott in der Kombination als Vater, Heiliger Geist und eben auch als Sohn gibt es nur im christlichen Glaubensverständnis und -bekenntnis. Diese Dreifaltigkeit zu verstehen und zu glauben, verlangt viel.

Wir haben es an dieser Stelle leichter. Für uns steht das irdische Wirken Jesu im Fokus. Wer war dieser Mann? Ein Freak, ein Sozialrevoluzzer, ein antemoderner Öko oder doch nur ein wohnungsloser Wanderprediger? Jede Zeit, alle Generationen sind diesem Mann und seinem Wirken im Rahmen ihrer Möglichkeiten begegnet. Je nachdem, mit welcher eigenen Lebensgeschichte man Jesus betrachtet, kann er tatsächlich als sozialer oder ökologischer

Kämpfer, bestimmt auch als biblischer Hippie gesehen werden. Sicher ist: Jesus war eine herausragende charismatische Persönlichkeit, von der wir sozusagen nur aus zweiter Hand Näheres wissen.

40 bis 70 Jahre nach Jesu Tod sind vier beinahe biografische Berichte über sein Leben und Wirken entstanden. Die Verfasser waren Christen der „zweiten Stunde". Sie selbst hatten Jesus nicht mehr live erlebt, kannten aber einen Großteil seiner Jünger und Apostel. Von vier namentlich bekannten Verfassern stammen die Evangelien, die Lebensbeschreibungen Jesu im Neuen Testament.

Die vier Evangelisten waren keine Reporter, sondern Sammler. Sammler von Augenzeugenberichten und schon existierenden niedergeschriebenen Worten Jesu.

Wie Jesus ausgesehen hat, welche Haarfarbe, Kleidergröße und besonderen körperlichen Merkmale er hatte, bleibt unbekannt. Da im Judentum, dem geschichtlichen Umfeld Jesu[2], ein absolutes Bilderverbot herrschte, existiert leider auch kein Portrait oder Familienbild von Jesus.

Weitestgehend geklärt ist: Jesus hat etwa zwischen 4 vor und 30 nach dem Jahre Null in Israel gelebt, dort gepredigt, Kranke geheilt, wundersame Dinge gewirkt und Anhänger, die so genannten Jüngerinnen[3] und Jünger, in seinen Bann gezogen.

2 Bis in die heutige Zeit gilt das für das orthodoxe Judentum.

3 Es ist an dieser Stelle von entscheidender Bedeutung, dass es eben auch weibliche Anhänger/ Mitarbeiterinnen Jesu gab. Ansonsten wäre sein Unternehmen niemals so erfolgreich geworden. Aus Gründen der besseren Lesbarkeit wird im Folgenden auf die gleichzeitige Verwendung männlicher und weiblicher Sprachformen verzichtet. Sämtliche Personenbezeichnungen gelten gleichermaßen für die gesamte Gender-Diversity.

Ich sehe Jesus als großes Vorbild an. Von seiner Art mit Menschen umzugehen, deutlich Position für das Gute zu beziehen, können wir enorm viel lernen. Ein Aspekt zu Jesus und seinem Verhalten, so wie es in den vier Evangelien beschrieben wird, ist allerdings aus meiner Sicht bislang viel zu wenig beleuchtet worden. Jesus war eine Führungsperson. Jesus hatte einen ganz eigenwilligen und aus heutiger Sicht betrachtet unglaublich modernen Führungsstil. Er war nicht nur eine charismatische Persönlichkeit, sondern er hat sehr situationsgemäß und erstaunlich personenzentriert geführt. Daher lohnt sich ein intensiver Blick auf Jesu Umgang mit seinen Mitarbeitern, den Jüngern. Jesus hatte die Fähigkeit, Menschen in seinem Umfeld zu bewegen, ja zu begeistern. Angesichts meiner langjährigen und intensiven Arbeit mit Führungskräften unterschiedlicher Berufe und Systeme bin ich davon überzeugt: Jede moderne Führungsperson kann sehr viel Nützliches und Alltagsrelevantes von Jesus, *der* Führungsperson des Neuen Testaments, lernen. Ausdrücklich erhebt dieses Buch nicht den Anspruch, alle biblischen Belegstellen ausführlich anzuführen. Auch wird die historisch-kritische Exegese, die mir als Theologen selbstverständlich vertraut ist, nicht in allen Belangen ausgeschöpft.

Für mich gilt: Jesus war ein echter Mensch, ist der wahre Sohn Gottes und kann auch für Sie zum Vorbild für erfolgreiches Führungsverhalten werden. 2000 Jahre Management-Erfahrung sind hochmodern, lesen Sie selbst …

3. Die Spiegelneuronen

Unser Führungserbe

Wer hat Sie geprägt? Wessen und welche Führungseigenschaften sind Ihnen in Fleisch und Blut übergegangen? Manche davon haben wir willentlich, bewusst verinnerlicht. Andere sind fast unbemerkt in unserem Gedächtnis abgespeichert worden. Die sogenannten Spiegelneuronen haben hier ganze Arbeit geleistet. Giacomo Rizzolatti hat 1992 erstmals diese Zellen nachgewiesen und benannt. Es handelt sich um bestimmte Nervenzellen, die für unser Imitationslernen von großer Bedeutung zu sein scheinen.[4]

Die Art, wie wir sprechen, unser intuitiver Umgang mit Konflikten und Stress, unser Autofahrstil, ganz viele tagtägliche Verhaltensweisen und Begegnungen sind spiegelneuronal gesteuert. Lassen Sie uns beispielhaft Ihre Konfliktbewältigungsstrategien betrachten. Wie war es bei Ihnen zuhause als Sie klein waren? Wie sind Ihre Eltern, Oma und Opa oder Ihre älteren Geschwister mit Streit und Krisen umgegangen? Wurde es laut, gab es geknallte Türen, emotionale Ausbrüche, vielleicht sogar körperliche Gewalt? Oder haben Ihre Prägungspersonen diskutiert, versöhnlich miteinander geredet, eventuell nur geschwie-

---

4 Näheres zur wissenschaftlichen Auseinandersetzung finden Sie in: Rizzolatti, Giacomo: Empathie und Spiegelneurone. Die biologische Basis des Mitgefühls, Suhrkamp Verlag, Deutsche Erstausgabe 2008.

gen? Auch das Davonlaufen, regelrechtes Wegrennen vor Konflikten ist häufiger zu beobachten. Ihre Spiegelneuronen haben die dort erlebten Verhaltensmuster für Sie verfügbar, in Konfliktfällen abrufbar gespeichert. Daher ist es völlig normal, dass Sie – wenigstens in Ihren ersten eigenen Konfliktsituationen – unbewusst, automatisch auf die abgespeicherten Erfahrungserkenntnisse zurückgegriffen haben. Sie haben in großen Teilen das erlebte Verhalten Ihrer ‚Vorbilder' imitiert. Bei manchen Menschen hört diese unreflektierte Dauerimitation gar nicht auf.

Ein mir bekanntes Ehepaar mit zwei schulpflichtigen Kindern versucht gerade eine heftige Ehekrise zu bewältigen. Beide Partner haben sich trotz beidseitig empfundener Liebe voneinander entfernt. Auch eine andere Frau war im Spiel. Wutausbruch, Rauswurf aus dem gemeinsamen Haus seitens der Ehefrau waren die Folge. Bei dem Versuch sich wieder anzunähern, die Familie zu erhalten, kam auch eine professionelle Eheberatung ins Spiel. Die Beraterin machte beiden Ehepartnern Folgendes klar: Sie haben in Konfliktsituationen kein einziges Mal ein gemeinsames Bewältigungsrezept gefunden. Er war es von zuhause gewohnt, Konflikte redend, sich aussprechend zu lösen. In ihrem Elternhaus gab es nur Schreierei und väterlich rigoroses Bestimmen. Viele Konflikte wurden nie gelöst, nur verdrängt.

Einsicht ist der erste Weg zur Besserung, sagt ein altweises Wort. Stimmt. Nur wie soll ich mein Fehlverhalten einsehen, wenn es von meiner Wahrnehmungs- und Deutungsposition aus als normal wahrgenommen wird? Beim Spaghetti-Essen tropft halt regelmäßig Bolognesesauce auf das weiße Hemd. Wenn man sauer ist, unter Druck steht, muss der Ärger halt rausgeschrien werden. Unsere Spiegelneuronen sind nur Speichermedien und keine moralischen Bewertungsinstanzen.

Dem Ehepaar hat die Reflektion durch die Eheberaterin neue Sichtweisen und Wege eröffnet. Konfliktmanagement und ein positiver resilienter Umgang mit Stress lassen sich erlernen. Auch ist es nachweislich möglich – und wie ich finde auch waschtechnisch viel praktischer – Spaghetti kleckerfrei zu genießen. Führungskräfte sollten beides können. In Seminaren, Team- und Einzelcoachings vermittle ich zum Erstgenannten probate Methoden. (Im Spaghettifall hilft bestimmt Herr Knigge weiter.) Es ist sehr spannend, gemeinsam mit Teilnehmenden und Klienten das eigene bisherige Konfliktverhalten zu beleuchten. Auf den Spuren der Spiegelneuronen geht es auf eine Zeitreise in die jeweils eigene Vergangenheit. Wie wurde im Kindergarten, in der Schule und vor allem im Elternhaus mit Konflikten umgegangen? Wie reagieren Sie heute auf Stress, Meinungsverschiedenheiten und Disharmonien? Der Abgleich der erinnerten Situationen aus der Prägungszeit mit dem aktuellen automatisierten Konfliktverhalten führt meist zu vielen Ahs und Ohs.

„Stimmt, ich reagiere wie mein Vater." „Das habe ich von meiner Oma geerbt." „Mein erster Chef war sehr gerecht und wurde mein großes Vorbild." Dies sind O-Ton-Ergebnisse einiger spiegelneuronaler Zeitreisen.

Gekoppelt mit dem Erkenntnisgewinn aus der biografischen Rückbetrachtung, gilt es, alternative Bewältigungsformen für kritische Situationen adressatengerecht zu vermitteln. Wenn uns Optionen zur Verfügung stehen, sind die gespeicherten Muster nicht mehr der alleinige Handlungsmotor. Dem weitverbreiteten Impuls loszuschreien oder wegzurennen steht ein neuerworbener Mediationsansatz entgegen. Der Vermittlungsansatz, erst den Anderen zu verstehen und dann verstanden werden zu wollen, stellt für viele einen Quantensprung dar. Führungskräfte mit Konfliktmanagementausbildung sind im Handling schwieriger Mitarbeiter und Situationen klar im Vorteil. Sie handeln bewusst reflektiert und somit nicht nur zufällig adäquat.

Wenn es im Umgang mit Konflikten und Stress und bei den Tischmanieren funktionieren kann, wieso dann nicht auch beim Führungsverhalten?

Also nochmal: Wer hat Sie geprägt? Wessen und welche Führungseigenschaften sind Ihnen in Fleisch und Blut übergegangen? Hatten Sie einen Lieblingslehrer in der Schule, der für Sie positiv-prägende Akzente gesetzt hat? Wenn die Teilnehmenden in meinen Managerseminaren ihre Vorbildlehrer beschreiben, stechen spannenderweise immer drei Eigenschaften heraus. Er war durchsetzungsfähig, manchmal autoritär, gerecht und an jedem einzelnen Schüler interessiert. Die Softielehrer, Rumschreipädagogen und die unengagierten Dienst-nach-Vorschrift-Pauker haben in diesem Ranking ausnahmslos keine Chance.

Wie ging es nach der Schulzeit prägungstechnisch weiter? Überlegen Sie bitte einmal, welche Unarten Ihr Ausbilder, Ihr Praxisanleiter, Ihre erste Abteilungsleitung hatte, und schauen Sie dann in den Führungsspiegel. Hat dieses Verhalten möglicherweise auf Sie abgefärbt? Dann sollten Sie bewusst einige kosmetische Korrekturen vornehmen.

Einen Blick auf die Prägung Jesu finde ich in diesem Zusammenhang sehr erhellend. Natürlich war er ein Kind seiner Zeit. Seine fachliche Kompetenz, konkret eine fundierte Thora- und Talmud-Schulung[5] hat er vermutlich zuerst von seinem weltlichen Vater Josef erworben. Die Zimmermänner waren oft die Vertreter der Rabbiner, also so etwas wie die Zweitleitungen in den Gemeinden, zuständig für alle religiösen und kulturellen Fragen. Wir lesen im Lukasevangelium, dass Jesus bereits als Zwölfjähriger mit seinem Wissen faszinierte. Mitten in Jerusalem, im allerheiligsten Tempel, inmitten der Lehrer und Schriftgelehrten (Lk 2,46f.) legte der kleine Jesus die Thora aus. Das Nachwuchstalent begeisterte die erfahrenen Führungskräfte. Später – über seine Teeniezeit gibt es keine seriösen Angaben – schließt er sich offenbar seinem älteren Cousin Johannes an. Dieser Johannes geht als der Täufer in die Geschichte ein. Er war zweifellos auch für Jesus ein beeindruckender Typ. Johannes der Täufer lebt mächtig asketisch. Er ist nur mit einem Gewand aus Kamelhaar und einem ledernden Hüftgürtel bekleidet und ernährt sich von Heuschrecken und wildem Honig. (Mk 1,6) Er gilt als der Rufer in der Wüste, der zur radikalen Umkehr aufruft. Seine Sprache ist laut und wenig zimperlich. Die vielen Menschen, die sich von ihm im Jordan taufen lassen wollen, empfängt er mit happigen Wor-

5 Thora und Talmud gelten als die heiligen Schriften des Judentums. Sie waren so etwas wie die Bibel für den jungen Jesus.

ten. „Ihr Schlangenbrut, wer hat euch denn gelehrt, dass ihr dem kommenden Gericht entrinnen könnt?“ (Lk 3,7b) Viele Juden hielten diesen donnernden radikalen Bußprediger für den Messias (Lk 3,15). Die Synoptiker[6] berichten übereinstimmend, dass Jesus sich auch von Johannes im Jordan hat taufen lassen (Mk 1,9 par). Und genau während dieses Taufrituals wird Jesus vom Geist Gottes inspiriert. Er, der von Gott auserwählte geliebte Sohn, verlässt Johannes und macht sich selbstständig. Seine Ausbildungszeit ist vorbei. Er ist firm für sein eigenes Unternehmen. Die Sache Jesu startet. Bewusst und unbewusst wird er gewisse Eigenarten spiegelneuronal abfotografiert haben. Seine persönliche Weiterentwicklung sowie seine göttliche Natur sind wahrscheinlich aus diesem Grund auch nicht überall erkannt worden. In seiner Heimatstadt Nazareth zum Beispiel zählte er nicht viel. Die größten Sportler, die berühmtesten Schauspieler und die einflussreichsten Manager sind oftmals in ihrem Heimatviertel „nur“ das Mädchen oder der Junge von nebenan. Seine Herkunft, sein Sozialisationsumfeld zu verdrängen oder zu verleugnen, ist Quatsch. Sich damit – wie Jesus es tut – kritisch auseinanderzusetzen ist ein Teil des Reifungsprozesses hin zu einer erwachsenen (Führungs-)Persönlichkeit. Näheres dazu folgt im anschließenden Kapitel.

Im Rahmen der kritischen Auseinandersetzung mit den lebensgeschichtlich prägenden Faktoren finden wir

6 Als Synoptiker werden die Evangelisten Markus, Matthäus und Lukas bezeichnet. Der Evangelist Johannes gilt als zeitlich späterer Verfasser, hat andere Quellen benutzt und steht deshalb singulär.

bei Jesus eine Besonderheit: Jesus entscheidet sich, meiner Meinung nach ganz bewusst, für einen anderen Lebensentwurf. Er imitiert nicht, sondern revolutioniert.

Jesus und seine Jünger gelten als absolut unasketisch. Seine Zeitgenossen brandmarken ihn als Fresser und Säufer. Auch lebt er nicht eremitisch zurückgezogen in der Wüste. Sein Platz ist mitten unter den Menschen. Oft ist er bei Freunden, aber auch bei sogenannten Sündern, den Randgruppen, zu Gast. Er anerkennt und schätzt Johannes, doch setzt Jesus einen anderen Schwerpunkt. Mit Worten und Taten heilt er die Kranken und unterstützt die Schwachen. Jesus ist nicht der donnernde Bußprediger, der harte Hund. Er ist der visionäre, liebevolle Bergprediger. Die menschliche Natur Jesu ist von Maria und Josef, von allen Verwandten und auch von Johannes geprägt worden, doch er setzt sich nachdrücklich von ihnen ab.

Jesu Führungsstil ist ein ganz eigenartiger, von mir ausdrücklich zur Nachahmung empfohlen. Wie man jemanden zur Umkehr und Buße ruft, hat er bei Johannes gelernt. Wie man auf die Menschen individuell zugeht und sich ihren Lebenswirklichkeiten und Bedürfnissen stellt, hat er sich mit göttlicher Inspiration selbst angeeignet. Jesus hat die vorgegebenen Pfade verlassen. Er hat weder die Zimmerei seines irdischen Vaters übernommen, noch mit seinem Cousin Johannes zusammen getauft. Er hat Menschen herausgerufen und zum Mitgehen und Nachfolgen berufen. Ihm spiegelneuronal zu folgen, bedeutet auf dem rechten Führungsweg zu sein.

Wissen to go

Wenn wir Glück haben, zeigt der Blick in den Führungsspiegel prägende Elemente unserer Vorbilder, die auch uns gut stehen, zum Beispiel: Bewusstes sachorientiertes Konfliktverhalten, individualisiertes Führungsverständnis, Gerechtigkeitssinn. Befreien Sie sich von spiegelneuronalen Schönheitsfehlern und Narben, indem Sie Ihren Führungsanspruch neu definieren.

4. Tröstlich oder fatal?

Dass der Prophet im eigenen Dorf nichts zählt, ist tatsächlich eine Redewendung biblischen Ursprungs. Eine größere Ablehnung und weniger Glauben an seine Fähigkeiten hat Jesus nie erfahren als in seinem Heimatort Nazareth. Die Synoptiker beschreiben ungeschminkt die bittere Realität. „Von dort brach Jesus auf und kam in seine Heimatstadt; seine Jünger begleiteten ihn. Am Sabbat lehrte er in der Synagoge. Und die vielen Menschen, die ihm zuhörten, staunten und sagten: Woher hat er das alles? Was ist das für eine Weisheit, die ihm gegeben ist! Und was sind das für Wunder, die durch ihn geschehen! Ist das nicht der Zimmermann, der Sohn der Maria und der Bruder von Jakobus, Joses, Judas und Simon? Leben nicht seine Schwestern hier unter uns? Und sie nahmen Anstoß an ihm und lehnten ihn ab. Da sagte Jesus zu ihnen: Nirgends hat ein Prophet so wenig Ansehen wie in seiner Heimat, bei seinen Verwandten und in seiner Familie. Und er konnte dort kein Wunder tun; nur einigen Kranken legte er die Hände auf und heilte sie." (Mk 6,1-5)

Jesu Konsequenz: Er wundert sich über ihren Unglauben und zieht weiter. In den benachbarten Dörfern kann er erfolgreich lehren und heilen (vgl. Mk 6,6).

Eine Führungsperson, die Erfolg haben möchte, muss zuhause ‚raus'. Das Abnabeln von der Herkunftsfamilie, von der prägenden Sippe, ist eine notwendige Bedingung für die Entwicklung eines eigenen Profils. Es ist notwendig, Eigenständigkeit und einen breiten Erfahrungshorizont zu erwerben. Die beliebten Auslandssemester, Freiwillige Soziale Jahre oder ehrenamtliches Engagement in der Entwicklungshilfe fördern diese Entwicklung von Selbstständigkeit. Für die engen Verwandten bleiben wir oft der oder die Kleine. Ist das nicht der Sohn des Zimmermannes Josef? Den kennen wir doch genau, was will der uns denn erzählen? Selbst Jesus konnte seine Dorfgemeinschaft nicht begeistern. Merkwürdigerweise ist aber genau das in vielen von uns angelegt: Wir möchten zeigen, dass wir erwachsen sind. Unser Erfolg soll anerkannt werden. Das würde unserem Ego schmeicheln. Mensch, was wäre das schön! Aus diesen Gründen reiste Udo Lindenberg kürzlich in seine damals fluchtartig verlassene Heimatstadt Gronau, um dort eine bronzene Statue, die sein Konterfei wiedergibt, zu enthüllen. Arnold Schwarzenegger ist stolz und ergriffen über die Verleihung der Ehrenbürgerschaft in seiner Heimatstadt Graz. Allen zu zeigen, dass man es geschafft hat, vor allem denen, die uns noch in den Windeln kannten, ist reizvoll.

Vielleicht liegt es an der Beziehungsnatürlichkeit. Kinder werden immer für ihre Eltern Kinder bleiben. Ihre Eltern sehen in Ihnen nicht den Manager, den Abteilungsleiter, den CEO[7]. Sie bleiben der Paul, die Adelheid oder Frank Walter. Der berühmteste Deutsche mit diesem Vornamen schläft dem Vernehmen nach bei Heimatbesuchen

7 Chief Executive Officer (CEO) ist die mittlerweile internationale Bezeichnung für das geschäftsführende Vorstandsmitglied.

im lippischen Brakelsiek in seinem alten Kinderzimmer. Ob dies auch für ihn als Bundespräsidenten gilt, wird die Medienlandschaft aufmerksam verfolgen.

Meine und Ihre Führungskompetenz braucht kein elterliches, sippenkanonisches Plazet. Das ist tröstlich. Denken Sie beispielsweise an Luciano Pavarotti. Sein Vater, ein italienischer Bäckermeister, stellte in Interviews mehrfach klar, dass er den Hype um seinen Sohn, den Startenor, gar nicht verstehe. Er, der Vater, sänge doch viel besser. „Von mir hat er das Singen doch gelernt." Doch in der Realität hat nicht der Bäcker, sondern der Bäckersohn das Publikum erobert. Luciano wurde weltweit bejubelt.

Fatal wird es, wenn ein Mensch zu viel Energie in die Anerkennung durch das Heimatdorf investiert. „Nun glaubt mir doch, ich bin der Messias, die anderen glauben mir doch auch." So oder so ähnlich hätte Jesu fatale Anstrengung lauten können. „Vater, ich singe doch auf allen Opernbühnen, von mir gibt es unzählige LPs, CDs und Fans", hätte der aufreibende Versuch von Pavarotti lauten können.

Damit überzeugen Sie keinen. Keiner, der sein Bild von Ihnen längst fertig hat, ändert dadurch seine Perspektive. Trotzdem gilt zweifellos: Anerkennung tut Not. Allerdings vorgetragen von Menschen, die Ihre Fähigkeiten und Ihren persönlichen Status Quo beurteilen können. Ein kompetenter Kollegenkreis, Menschen, die Ihre Jobqualitäten, Ihre Führungsrolle einschätzen können, sind dafür sehr empfehlenswert. Daher rate ich jeder Führungskraft, eine regelmäßige Evaluation vorzunehmen. Mit einem vertrauenswürdigen und reflektionskompetenten Partner an Ihrer Seite können Sie Ihren eigenen Stellenwert solide bestimmen.

Wo stehe ich aktuell, wie geht es mir, wie wirke ich, was steht als nächstes sinnvollerweise an?

Diese Beispielfragen verdeutlichen den Kern einer Evaluation. Evaluieren stammt von dem lateinischen Begriff *valere.* Das bedeutet stark, wert sein. So wird durch eine Evaluation Ihr Erfolg als Führungskraft eingeschätzt und bewertet. Am empfehlenswertesten ist die 360°-Evaluation. Vorgesetzte, Kollegen möglicherweise auch Kunden geben Ihnen aus der jeweiligen Perspektive eine Einschätzung zu Ihrem Jobverhalten. Zusammengenommen ergibt sich daraus ein Panorama-Blick, die Rundumsicht auf Ihr Führungsverhalten. In den von mir geleiteten Managerkursen finden solche Evaluationen zum Bergfest, also nach der Hälfte der Schulungszeit, und am Ende statt. Jeder Teilnehmer bereitet an einem vorliegenden Fragenkatalog entlang seine Selbsteinschätzung vor. Beleuchtet wird die eigene Rolle in der Großgruppe, in Teamprojekten, der eigene Lernfortschritt, so genannte Sternstunden und noch vieles mehr. Jede Evaluation wird mit 45 bis 60 Minuten kalkuliert. Nach dem Kurzvortrag zur Selbsteinschätzung gibt jeder Kurskollege seine Perspektive zum Entwicklungsstatus der Person im Fokus dazu. So entsteht meistens – auch optisch – da alle Teilnehmenden in einer Runde sitzen – ein 360°-Gesamtbild. Entscheidend ist, dass jeder Evaluationsteilnehmer seine eigene Sichtweise klar hat und klarmacht. „Das sage ich dir als Kurssprecherin …“, „Meine

Beobachtung bezieht sich auf unsere gemeinsame Projektarbeit …“, „So sehe ich Sie aus Kursleitungssicht …“

Manchmal fließen Tränen, oft überwiegt das Erstaunen über selbst nicht bemerkte Verhaltensweisen. Zu 95% gehen die Beteiligten gestärkt und bereichert aus dem Evaluationsprozess heraus.

Bei Führungsneulingen sollte eine Evaluation vierzehntägig erfolgen. Später einmal monatlich, mindestens aber einmal im Quartal. Evaluationspartner können ausgewählte fähige Kollegen oder Vorgesetzte sein. Punktuell ergänzend oder auch langfristig sind externe Berater und Coaches, meistens sehr zielführend, einsetzbar. Eine gute Evaluation fördert die Selbstreflektion, das Selbstvertrauen und ein gesundes Selbstbewusstsein des Evaluierten. Damit ausgestattet braucht der Prophet sich im eigenen Dorf nicht mehr zu verbiegen. Er weiß, wer er ist, was er kann und wo es noch hakt. Sie als evaluierte Führungsperson wissen um Ihre Stärken und Schwächen und brauchen Ihre Herkunft nicht zu verleugnen. Sie verfügen über die notwendige Bescheidenheit und Selbstsicherheit, um entspannt einen Heimaturlaub anzutreten.

Wissen to go

Gönnen Sie sich den Panoramablick auf Ihr eigenes Führungsverhalten. Mit einer 360°-Evaluation fördern Sie exzellent Ihr Selbstverständnis und Selbstvertrauen. Ihre Evaluationsgeber sollten handverlesen sein, ehrlich und kompetent.

5. Die drei ???

Kennen Sie Justus Jonas, Peter Shaw und Bob Andrews, das Ermittlertrio meiner Kindheit? Justus war der Verantwortliche und oft der Entscheider. Peter hatte eine gesunde Portion Mut und einen sportlich kraftvollen Zugang. Der feingeistige Denker inklusive des technischen Knowhows war Bob (so zumindest erscheinen „die drei ???“ in meiner Erinnerung). Zusammengenommen ergäben diese Eigenschaften ein nahezu perfektes Managerverhalten, beziehungsweise ein Leitungsdreamteam. Mittlerweile gibt es – auch schon etwas länger – das weibliche Pendant, „die drei !!!“. Wenn ich meiner zwölfjährigen Tochter trauen kann, sind sie mindestens so erfolgreich wie die drei ???-Jungs.

Wenn wir uns die Frage stellen, welche Attribute eine Führungskraft benötigt, um glaubwürdig und erfolgreich zu sein, kommen wir an ! und ? nicht vorbei. Das weltberühmte Johari-Fenster der amerikanischen Sozialpsychologen Jo(seph) Luft und Harry Ingham ist ein Modell, das sich bestens eignet, um die Zusammenhänge zwischen Selbst- und Fremdwahrnehmung auf einen Blick zu demonstrieren. Achtung – seht her – so bin ich, so erlebt ihr mich als öffentliche Person. In Johari-Fenster-Sprache ausgedrückt ist dies das Schaufenster oder das !-Fenster von uns. Öffentlich zugänglich, streifenfrei sauber und gerne vorgezeigt. Parallel zu diesem Fenster befindet sich der Verhörzimmer-Spiegel. Sie kennen das bestimmt: Der

Verdächtigte im Krimi kann nicht hinausschauen, sondern sieht maximal einen Spiegel. Die Kommissare oder Tatzeugen, die sich auf der anderen Seite dieses Spiegelfensters befinden, können hindurchsehen. Dies ist unser ?-Fenster. Wir selbst sehen diese Anteile von uns als Persönlichkeit nicht. Wir können sie gar nicht sehen, da wir nicht auf der anderen Seite des durchschaubaren Spiegels sein können. Hinter diesem Anteil von uns verbirgt sich der Eindruck, den wir bei anderen hinterlassen. Die Fremdmeinung zu und über uns. Nur durch ein ehrliches und kompetentes Feedback[8] können wir einen Einblick in unser ‚nur den anderen bekanntes Fenster' gewinnen, und das ist wirklich spannend. Das dritte der vier von Joe und Harry entwickelten Modellfenster hat Vorhänge und Gardinen. Und alles, was sich dahinter verbirgt, können wir kaschieren, verdunkeln oder komplett verbergen. Unser ganz privater Anteil, wir als intime Individuen, sind hier zu finden. Was gehört hinter den Vorhang und wieviel von uns privat sollte sinnvollerweise in das Ausrufezeichen-Fenster verschoben werden, damit wir für unser Umfeld konturenschärfer und bekannter werden? Meiner Erfahrung nach basiert jede gelingende Kommunikation ebenso wie ein erfolgreiches Führungsverhalten auf einer stabilen und gepflegten Beziehungsebene. Das Vorhang-Fenster ist der Schlüssel zum Beziehungsaufbau. Wie in einem gut verlaufenden Bewerbungsgespräch oder einem ansprechenden Lebenslauf zählen eben nicht nur Zahlen, Daten, Fakten, Schulnoten

8 Näheres dazu finden Sie im Kapitel „Gehet hinaus in alle Welt".

und eine verquere Zeugnissprache. Persönliche Interessen des Bewerbers, Besonderheiten in seiner Vita geben oft den Ausschlag für oder gegen eine Zusammenarbeit. In sämtlichen Seminarrunden stelle ich mich beispielsweise zuerst privat vor, bevor ich die beruflichen Etappen schildere. Denn meine Familie, mein Zuhause prägen mich mindestens so viel wie meine beruflichen Stationen. So mancher nicht positive Ersteindruck im Fragezeichen-Fenster kann mit einer persönlichen Note aus dem Vorhang-Fenster einfach ausgeglichen werden.

„Jetzt habe ich es erst kapiert!“, lautete die mich erstaunende Bemerkung einer Abteilungsleitung aus einem Uniklinikum bei meiner Vorstellung des Johari-Fensters. Sie ist für zwei Bereiche zuständig, einen ambulanten und für die Intensivstation. Dort klingelte ein älteres Ehepaar, um seinen erwachsenen Sohn, der dort als Patient behandelt wurde, zu besuchen. Die Abteilungsleiterin, bekleidet mit grünem Kasack, Haube und Mundschutz, erklärte dem Ehepaar, dass dies gerade aus medizinisch-technischen Gründen nicht möglich sei. Obwohl sie nach eigenem Bekunden genau so freundlich und bestimmt wie immer aufgetreten sei, ging das Ehepaar sichtlich enttäuscht wieder fort. Zwei Stunden später betritt die Abteilungsleitung den Wartebereich der Ambulanz, diesmal in Zivil gekleidet ohne Mundschutz, und sieht dort das Ehepaar sitzen. Die Frau steht auf, kommt zu ihr und es entwickelt sich ein längeres gutes Gespräch. Am Ende bedankt sich die Mutter mit den Worten: „Wie gut, dass wir Sie hier getroffen haben, Ihre Kollegin von oben [gemeint ist die Intensivstation] ist ein richtiger Drache." Sie können sich sicher vorstellen, wie beiden Frauen die Gesichtszüge entglitten, als die Abteilungsleiterin nun darauf hinwies: „Sie haben mit mir gesprochen, ich bin offensichtlich der Drache." Dass es im Ambulanzbereich zu dem positiven Gespräch kommen konnte, lag nicht am fehlenden Mundschutz, wie die Abteilungsleitung uns im Seminar weiter berichtete. Als die Mutter aufgestanden war, zu ihr kam und von ihrem Sohn berichtete, hatte die Abteilungsleitung intuitiv etwas sehr Entscheidendes gesagt: „Ich kann Sie gut verstehen, ich bin selbst Mama." Dieser Teil aus dem Vorhang-Fenster steht auf keinem Namensschild und nicht auf der Stirn. Diese kleine Info, hinter den Gardinen hervorgeholt, hat die Beziehung der beiden Gesprächspartnerinnen absolut bereichert und uns im Seminar ein unvergessenes Beispiel geschenkt.

Sich aller drei Fenster bewusst zu sein und diese auch noch regelmäßig zu kontrollieren und zu pflegen, ist schon für viele anstrengend genug. Nach Joe und Harry kommt noch ein vierter Anteil hinzu: der Bereich des Unbewussten oder Unterbewussten. Das, was sich dahinter befindet, ist keinem bekannt, weder mir noch den anderen. Und doch macht es ein Viertel von uns aus. Positive, festigende Kindheitserlebnisse wie Urvertrauen, Geborgenheit etc. sind hier gespeichert, aber auch Ängste und Beklemmungen unbekannten Ursprungs ließen sich hier finden, wenn denn jemand durch dieses Fenster hindurchschauen könnte.

Die bewusste Kombination aus allen vier Fenstern lässt Sie zu einer glaubwürdigen und beziehungsstarken Führungsperson werden. Glaubwürdigkeit und Beziehungsstärke machen das Handeln Jesu aus. Er bleibt Gott treu, löst seine Vater-Sohn-Beziehung nicht auf, obwohl der Teufel ihm alle Reiche der Welt mit ihrer ganzen Pracht übergeben wollte, sofern Jesus nur noch ihn und nicht mehr Gott anbetete. Die ausführliche Version der Versuchung Jesu findet sich bei Matthäus 4,1-10.

Jesu Worte sind nicht leer, seine Taten kein Hokuspokus, er lässt sich immer wieder von Freunden und Feinden an ihnen messen. Exemplarisch ist hier die Heilung eines Gelähmten vor den Augen der schriftgelehrten Widersacher Jesu. Sie halten ihn für einen Gotteslästerer, er aber beweist ihnen seine göttliche Vollmacht, indem er einem Gelähmten nicht nur seine Sünden vergibt, sondern ihn komplett heilt (Mt 9,1-8).

Sie gestalten Ihr !-Schaufenster ansprechend und wirkungsvoll. Das bedeutet für eine Führungskraft konkret: Angemessenes Outfit, trainierter zugewandter Einsatz von Körpersprache und Sprache zusammen mit einer großen Portion Verbindlichkeit in der Sache. Ihr ?-Fenster lassen Sie sich regelmäßig durch Vertraute oder auch durch professionelle Coaches widerspiegeln. Ihre Vorhänge und Gardinchen des privaten Fensters sollten nicht zu viel preisgeben, denn private und berufliche Welten sind nicht deckungsgleich. Gleichzeitig dürfen Sie nicht zu viel von Ihrem persönlichen Umfeld, Ihren privaten Interessen verbergen, denn gerade diese persönlichen Schmankerln machen Sie menschlich und meistens sympathisch. Mit den unbekannten Anteilen in uns umzugehen ist der wohl komplizierteste Part. Mir genügt an dieser Stelle darauf hinzuweisen: Wenn hier negative Einstellungen und Gefühle überwiegen, ist es absolut keine Schwäche, sondern eine Stärke, therapeutische, psychologische Hilfe in Anspruch zu nehmen. Wenn Sie diese Verknüpfung aller vier Facetten austariert hinbekommen, dann sind Sie authentisch. Mit lediglich gespielter Echtheit und Stimmigkeit werden Sie schnell entlarvt. Nur derjenige, der authentisch ist, kann auch authentisch wirken.

In meinen Führungskräfteschulungen und -coachings haben sich drei Hardfacts als Erfolgsparameter für Führungspersonen herauskristallisiert. Die Besten in der Führungsliga sind authentisch, haben klare Wertvorstellungen und entwickeln Visionen. Wie stimmig sind Sie? Welchen Werten folgen Sie und warum? Woran glauben Sie? Anregungen für das Gewichten Ihrer persönlichen Antworten finden Sie auf den nächsten Seiten.

Wissen to go

Gönnen Sie sich authentisch zu sein!

6. Woran glaubst du?

Mit Werten in Führung gehen!

In einem katholischen Landkrankenhaus hatte ich ein Planungsgespräch mit einem neuen 38jährigen Chefarzt und seiner Führungscrew. Er legte ein taffes Managementdenken und -verhalten an den Tag. Er verstand sich als der große Sanierer. Sein Credo lautete: „Ich bin die Neuzeit! Alle Mitarbeiter hier befinden sich noch im Mittelalter." Wegen dieser sehr pauschalen und vermessenen Einstellungsbekundung hakte ich nach. „Wie sieht für Sie die Neuzeit denn aus? Auch Sie sind doch sicher wie Ihre ärztlichen und pflegerischen Kollegen zu dem Beruf gekommen, um Menschen zu helfen, um Gutes zu tun?" Seine ungeschönte Antwort lautete wörtlich: „Nein. Ich habe mich zwischen Jura und Medizin als Studienfach entschieden. Wo kann ich schneller viel Geld verdienen? Jetzt fahre ich einen Mercedes AMG." Auf einen weiteren Kontakt zu diesem Chefarzt habe ich daraufhin gerne verzichtet, allerdings mit einem Statement: „So kompetent und engagiert wie ich Ihr Team erlebe, ist für mich klar, Ihre Mitarbeiter sind die Neuzeit. Sie selbst sind über das Mittelalter offenbar nicht hinausgekommen."

Auch Jesus hat klare Kante gezeigt. Auch er hat – nicht inhaltlich aber formal – seinen Antrieb und seine Ziele, ähnlich wie der Chefarzt, klar ausgesprochen. Nur für Jesus waren es nicht Ruhm und Moneten, sondern die Liebe zu den Menschen. Den Bedürftigen zu helfen und Gottes Gegenwart lebendig zu machen, dafür hat Jesus gelebt.

Wofür engagieren Sie sich? An welche Prinzipien und Ideale glauben Sie? Für welche Werte stehen Sie ein?

Mutter Teresa – im Jahre 2016 durch Papst Franziskus heiliggesprochen –, der „evangelische Heilige" Dietrich Bonhoeffer und der Weihnachtskrippen-Einführer und gleichzeitig herausragende Heilige des Mittelalters Franz von Assisi sind den Werten Jesu gefolgt. Alle drei haben die Menschen ihrer Zeit immens beeindruckt. Ihr Einsatz für Gerechtigkeit, Frieden und die Bewahrung der Schöpfung lässt sie für viele Menschen bis heute leuchtende Beispiele sein. Und sie waren keine ‚Einzelkämpfer'. Mutter Teresa war Führungskraft in ihrer Ordensgemeinschaft. Franz von Assisi war Gründer und Chef vieler Ordensgemeinschaften, Dietrich Bonhoeffer war Gemeindeleiter, Theologenausbilder und Verantwortlicher im Widerstand gegen das Naziregime in Deutschland. Man muss kein Heiliger sein, um zu verstehen, wenigstens zu erahnen, dass im christlichen Führungsverständnis nicht die Finanzen und Gewinne im Mittelpunkt stehen dürfen. Von mir aus darf der junge Chefarzt sich jedes Jahr einen neuen Luxuswagen kaufen. Aber nur dafür zu arbeiten, nur diesem Antrieb zu folgen, halte ich generell für falsch. Ganz besonders falsch in einem katholischen Arbeitsumfeld, zumal in repräsentativer Funktion. „Denen da oben geht es doch nur ums Geld", höre ich ganz häufig in Teamcoachings und Schulungen. Falls es stimmt, widerspricht es dem Weg

Jesu. Wenn es nicht stimmt, aber trotzdem bei den Mitarbeitenden so ‚rüberkommt', fehlt die Transparenz. Sagen und machen Sie deutlich, wofür Sie stehen und was Sie – zusammen mit Ihrem Team – erreichen wollen. Nicht jeder muss Ihre Werteordnung teilen. Aber jeder Mitarbeiter sollte erkennen können, woran Sie unternehmensbezogen glauben und wofür Sie stehen. Bill Gates und seine Frau Melinda finde ich in dieser Beziehung sehr beeindruckend. Sie haben nicht nur eine finanzstarke Stiftung gegründet, die sich für Kranke und Notleidende in vielen Teilen dieser Welt einsetzt, Familie Gates hat auch weitere Milliardäre wie beispielsweise Warren Buffett zum großzügigen Spenden, zum Einsatz pro terram et hominem inspiriert. Natürlich geht es auch ein paar Nummern kleiner richtig gut: Eine Coaching-Kollegin und Freundin von mir engagiert sich neben ihrem Vollzeit-Beruf komplett ehrenamtlich in einer bestimmten Stiftung. Auf ihrer kürzlichen Geburtstagsparty wurden die Stiftungsziele allen Gästen werbend vorgestellt. Anstelle von Geschenken bat die Jubilarin um Spenden für ein konkretes Brunnenprojekt. 9000 Euro sind nötig, um einen Brunnenbau in der Tigray Region Äthiopiens zu realisieren und somit 250 Menschen, einem ganzen Dorf, lebensnotwendiges Trinkwasser zu schenken. Initiator und Aushängeschild dieses humanitären Projektes ist Neven Subotic. Der erfolgreiche Profifußballer, lange Zeit bei Borussia Dortmund unter Vertrag, möchte helfen. Er glaubt an wirksamen Gesellschaftswandel durch ehrliches Engagement. Jede für seine Stiftung eingehende Spende verdoppelt Subotic von seinem Fußballergehalt.

Alle Verwaltungs- und Mitarbeiterkosten trägt nicht die Stiftung. Subotic zahlt diese aus seinem Privatvermögen. Ich habe viel Respekt vor diesem Einsatz eines jungen Fußballspielers, gerade auch außerhalb des Stadions.

Als Führungsperson sind Sie gewollt oder nicht Vorbild für Ihre Abteilung, Ihre Mannschaft. Je größer Ihre berufsbedingte gesellschaftliche Präsenz ist, umso interessanter sind Sie auch für die Beobachter und Medien von außen. Bei aller möglichen Kritik an Ihrem konkreten Verhalten in Ihrer Führungsrolle sollten Ihre Entscheidungen, Ihr Handeln und ihr Auftreten stringent sein. Denken Sie an Sigmar Gabriels Stinkefinger gegenüber rechten Spinnern oder an das (über)mutige „Wir schaffen das." von Angela Merkel. Mit beiden Botschaften und auch mit beiden Personen muss man nicht einverstanden sein. Positiv finde ich: Beide machen auch in der Öffentlichkeit immer wieder klar, wofür sie stehen und woran sie politisch, teilweise auch persönlich, glauben. Familie Gates, Warren Buffett, Frau Merkel und Herr Gabriel, auch Neven Subotic und seine Stiftung sind bestimmt nie unumstritten. Nicht alle finden ihr jeweiliges Engagement und ihre Ideale toll. Aber man weiß, worum es ihnen geht und woran man bei ihnen ist. Führungskräfte aller Couleur haben die Chance und aus meiner Sicht ebenfalls die Verpflichtung, ihren Wertekanon, ihre beruflichen Pläne und Ziele öffentlich zu machen.

Jesus ist bewusst öffentlich aufgetreten. Sogar in einem der beklemmendsten Momente, als er verraten und verhaftet wird, ist ihm dieser Punkt noch sehr wichtig: „Darauf sagte Jesus zu den Männern: Wie gegen einen Räuber seid ihr mit Schwertern und Knüppeln ausgezogen, um mich festzunehmen. Tag für Tag saß ich im Tempel und lehrte und ihr habt mich nicht verhaftet.“ (Mt 26,55) Im Verborgenen zu wirken, kann durchaus effektiv sein. Ihre Grundsätze und Überzeugungen nicht zu verbergen, wird für viele von Ihnen der Schlüssel zum Erfolg sein.

Wissen to go

Woran glauben wir wirklich, welchen Überzeugungen folgen wir und warum? Zweifel sind erlaubt. Zweifelsfreier Scheuklappen-Glaube führt oft zu unglaubwürdigem Fundamentalismus. Reden Sie über Ihre Antriebe, gleichen Sie Ihre Überzeugungen mit den Bedürfnissen Ihrer Kunden und den Ideen Ihrer Mitarbeiter ab. Reflektierter Glaube ist glaubwürdig.

7. Werte verwandeln

Visionen mit Vertrauen

Er ist kein Papst. Aber: in Fachkreisen gilt er als eine Art Coaching-Papst. Dr. Gunther Schmidt gilt als der internationale Pionier der systematisch-lösungsorientierten Beratung und ein erfolgreicher hypnosystematischer Psychotherapeut.[9] In einem Fachbeitrag zu ‚Interventionen gegen Krisenerleben', beschreibt er einen bemerkenswert skurrilen Aspekt. Um seine Theorie nicht zu verfälschen, folgt hier ein etwas längeres Originalzitat: „Interessant und hilfreich kann auch sein, sich noch vorzustellen, dass >>> es eine innere Kraft in uns geben kann, die uns helfen kann, durchaus aber auch fordern kann, dass wir unser Potenzial konstruktiv entfalten ... >>> es eine ‚höhere Kraft' geben könnte, etwas über uns als Individuum Hinausgehendes, welches ebenfalls von uns erwartet, uns dabei auch sehr hilft, diese Potenziale konstruktiv zu entfalten (wie immer man sich das vorstellen will)."[10]

Hilfe von innen und außen also! Aber als eine Imagination, als eine Form hypnotischer Selbstveräppelung. Selbst

---

9 Schmidt, Gunther / Dollinger, Anna / Müller Kalthoff, Björn (Hrsg.): Konzepte und Werkzeuge für ganz alltägliche Ausnahmesituationen, Krugzell 2010, S. 316.

10 Schmidt, Gunther / Dollinger, Anna / Müller Kalthoff, Björn (Hrsg.): Gut beraten in der Krise. Konzepte und Werkzeuge für ganz alltägliche Ausnahmesituationen, S. 85.

als reine Illusion „kann es interessant und hilfreich sein", darauf zu vertrauen. Menschen mit religiösem Fundament haben das nicht nötig. Christen bezeugen die höhere, himmlische Kraft und gleichzeitig die in uns spürbare Gegenwart Gottes. Ohne diese Gewissheit wäre der Mensch Jesus kläglich gescheitert. Jedes caritative und diakonische Handeln wäre kraftlos, ohne die erlebte (Mit-)Hilfe der höheren und innerlichen Kraft, die Christen Gott nennen. Dr. Gunther Schmidt sieht trotz des rein konstruierenden Gedankens an eine angenommene, gedachte Hilfsquelle viele Vorteile für den darauf Vertrauenden. Wie groß ist der Benefit für den Kraftsuchenden und -nutzenden erst, wenn die Kraftquelle keine Imagination ist? Jesus beschreibt seinen Jüngern die Tragweite dieser Hilfsgewissheit, die Wirkkraft des Glaubens, das Vertrauen in erhörte Gebete mit einem spektakulären Bild: „Wenn euer Glaube auch nur so groß ist wie ein Senfkorn, dann werdet ihr zu diesem Berg sagen: Rück von hier nach dort!, und er wird wegrücken. Nichts wird euch unmöglich sein." (Mt 17,20b)

Der im Jahre 2015 verstorbene Altkanzler Helmut Schmidt meinte: „Wer Visionen hat, soll zum Arzt gehen."[11]

11 „Wer Visionen hat, soll zum Arzt gehen." - Von Schmidt auf Anfrage bestätigt in einem Brief vom 26. Februar 2009 an die Fachschaft Sozialwissenschaften St.-Ursula-Gymnasium Attendorn. Schmidt will das „damals aber nicht mit Blick auf Willy Brandt formuliert" haben. Ein Jahr später äußerte er im Interview mit Giovanni di Lorenzo, wahrscheinlich habe er den Satz „in einem Interview gesagt. Das muss mindestens 35 Jahre her sein, vielleicht 40. Da wurde ich gefragt: Wo ist Ihre große Vision? Und ich habe gesagt: Wer eine Vision hat, der soll zum Arzt gehen. Es war eine pampige Antwort auf eine dusselige Frage." (ZEITmagazin 4. März 2010)

Hoffentlich meinte er eigentlich „Utopien“ als Abzulehnendes, denn Visionen sind als Motivationsanteile unumgängliche Führungsthemen. Ohne Visionen kein großes Ziel. Ohne Großziel keine Etappen, keine Meilensteine auf dem Weg. Im Projektmanagement, in der Teamentwicklung gehen wir heute davon aus, dass der Initiator – häufig eine verantwortliche Führungsperson – bei sich beginnen muss. Andere Menschen zu motivieren, erfordert eine ehrliche und selbstkritische Bestandsaufnahme des eigenen Antriebs, ja der ganzen eigenen Persönlichkeitsstruktur. Ein ausgewogenes Maß an Euphorie und Skepsis, an luftig-leichten Ideen und schweren-geerdeten Fakten bringt Sie und die Mitmotivierten dem Ziel näher. Moderne Mentalcoaches, etwa im Sport- oder Lifestylesegment, konzentrieren ihre Tatkraft auf das Entwickeln und Projizieren erstrebenswerter Ziele und Wege dorthin, für und mit ihren Klienten. Der heilige Augustinus hat, von der christlichen Botschaft inspiriert, die griffigste Faustformel für Motivation überhaupt formuliert: „In dir muss brennen, was du in anderen entzünden willst.“[12]

Führungskräfte ohne eigenes Feuer agieren maximal auf Sparflamme und bewegen zu wenig. Ohne den Glauben an Visionen und erstrebensfähige Ziele fehlt die Handlungsenergie. Jesu Zeitzeugen-Team ist seiner Vision von der Verkündigung des Reiches Gottes weit und breit gefolgt. Trotz aller festzustellenden Irrwege der letzten 2000 Jahre bildet diese Verkündigung bis heute die Daseinsberechti-

---

12 Augustinus Aurelius (354–430), Bischof von Hippo, Philosoph, Kirchenvater und Heiliger.

gung der Kirchen. Die Vision vom Frieden, gelebter Solidarität in der alltäglichen Welt brennt noch immer. Ohne die gefühlte, oft von Menschen aller Generationen bezeugte innere und himmlische Unterstützung Gottes, wäre das Projekt Jesu niemals nach seinem Tod fortgesetzt worden. Jesus hat seine Mitarbeitenden im Kern berührt. Er hat sie gepackt.

Traum und Wirklichkeit, Illusion und Realität überkreuzen sich manchmal. Moderne Führungskräfte stehen vor größten Herausforderungen, wenn sie realistische Prognosen, Gewinnerwartungen und Langzeitvorteile glaubhaft und überzeugend benennen sollen. Nicht nur an den Börsen erscheinen viele Zukunftsanalysen eher als Kaffeesatzlesereien, nicht mal annähernd so zutreffend wie die Wettervorhersagen, von denen zumindest gefühlt auch nur jede dritte zutrifft. Wenn Sie erfolgreich führen wollen, versprechen Sie nicht das Blaue vom Himmel, ködern Sie Ihre Mitarbeiter nicht mit nett verpackten Wolkenkuckucksheimen, sondern nehmen Sie Träume und Realitäten Ihrer Teams von Anfang an mit hinein. Woran glaubst du? Was ist dir wichtig? Wofür kannst du dich begeistern? Welche gemeinsame Vision, welche Ziele können wir formulieren? Was brauchen wir, um am Ball zu bleiben, die Ziele nicht aus den Augen zu verlieren. Mitentwickeln und Mitentscheiden, als Person erstgenommen zu werden, stellen die größten Motivationsgründe in erfolgreichen Projekten und Firmen dar. Identifikationen mit Leitbildern und Unternehmenszielen gelingen immer dann besonders gut, wenn sie von den Teams, den einzelnen Mitarbeitern kreiert worden sind. Wir setzen uns für das ein, wofür wir gemeinsam stehen. Dieses Erfolgsrezept ging zu biblischen Zeiten genauso auf, wie bei den WM-Siegen der deutschen Fußballnationalmannschaften 1954, 1974, 1990 und 2014. Herberger, Schön, Beckenbauer und Löw haben ihre jeweiligen Mannschaften auf den Siegkurs geführt mit mindestens einer gemeinsamen Grundüberzeugung: dem festen Glauben ans Gewinnen.

Wissen to go

Ohne Ziele drehen Sie sich im Kreis oder treten auf der Stelle. Kompetente Führungspersonen entwickeln Visionen und Ziele gemeinsam mit den Mitarbeitern. Basisnähe, Praktikabilität und eine große Portion Motivation sind damit für den Arbeitsalltag gewährleistet. Das Vertrauen in die eigene Wirkkraft und in die Kompetenz der Mitarbeitenden ist führungsnotwendig. Das Entwickeln und Erreichen gemeinsamer Visionen und Ziele ist erfolgsentscheidend.

8. Der größte Evokator aller Zeiten

Jesus hat gar keine andere Wahl. Auch er brauchte, genau wie Sie, werteorientierte, motivierte Mitarbeiter, um Visionen und Ziele entwickeln und erreichen zu können. Seine Botschaft vom Reich Gottes, seine unternehmerische Idee, den Menschen das Evangelium nahe zu bringen, verlangte nach innovativen Strategien. Prediger, Schriftgelehrte und Wunderheiler gab es gefühlt schon wie Sand am Meer; genau wie heute die unüberschaubare Anzahl von Theologen, Psychologen und „Medizinmännern". Die Mehrzahl verstand und versteht ihr Handwerk und macht einen soliden Job. Jesus strebte – und damit wird es radikal anders – nicht nach gesellschaftlich-politischen Ämtern, Reichtum, einer Fangemeinde oder einem Nobelpreis. Nur seine Botschaft von der Gottes-, Nächsten- und Selbstliebe zählte. Predigen, Heilen, Beraten und Belehren gehörten als Vermittlungsinstrumente, als Unternehmenstools dazu. Die große unternehmerische Vision Jesu war es, die Menschen im Inneren zu berühren. „Kehrt um und glaubt an das Evangelium." (Mk 1,15b) Das ist Jesu Unternehmensphilosophie. Doch, das Produkt „gelebte Gottes-, Nächsten- und Selbstliebe" vermarktet sich nicht von alleine. Ein Promotionteam muss her. Wer ist als Mitarbeiter eines solchen Unternehmens geeignet? Welches Anforderungsprofil für Hard- und Softskills soll gelten? Jesus folgt bei der Mitarbeiterauswahl einem nachahmenswerten Erfolgsrezept. Hautfarbe, Geschlecht, glänzende Zeugnisse und sogar der Beruf sind wurscht. Fischer, Zöllner, Aufständische, Prostituierte, sie alle werden Führungskräfte in Jesu Team. Haltung, Einsatzbereitschaft und Identifikation mit der unternehmerischen Leitidee zählen.

„Du kannst den Menschen immer nur vor den Kopf gucken", lautet eine (groß-)elterliche Lehrweisheit aus meiner Kindheit. Woran kann ich also erkennen, ob ich den richtigen Jünger, Mitarbeiter oder leitenden Angestellten ausgewählt habe? Evokare bedeutet im lateinischen Wortsinn herausrufen. Jesus hat seinen engsten Kreis mit Andreas, Petrus, Jakobus und Johannes mitten aus deren Leben heraus berufen (siehe Mk 1,16-20). Sie haben das ‚Zeug' zum Fischen, die Herzen auf dem rechten Fleck. Die Hard- und Softskill-Voraussetzungen zum Menschenfischen sind erfüllt.

Den Blick ins Innere der Bewerber, wie Jesus ihn offenbar hatte, bringen die meisten Personalverantwortlichen wohl nicht automatisch mit. Auch die Personalprofis können oft nur vor den Kopf schauen, wie folgendes aktuelles Beispiel unterstreichen kann: Der neue Chefarzt einer neurologischen Abteilung hat alle Auswahlkriterien und Einstellungstests, die die Krankenhausleitung vorgesehen hatte, mit Bravour erfüllt. Auch das zu führende neurologische Pflege- und Ärzteteam hatte einen positiven Eindruck von seinem neuen Leiter. Zwei Standardgespräche mit dem neuen Chef brachten keine Unstimmigkeiten zutage. Dann – exakt einen Tag nach Ablauf der Probezeit – zeigte der Neurologe sein ‚wahres Gesicht'. Die Maske des zugewandten kollegialen Vorgesetzten fiel mit einem Schlag. Despotisch, illoyal und egozentrisch verhielt sich der nun fest angestellte Chefarzt ab jetzt. War dies abzusehen? Hätten die Personalverantwortlichen die ‚Jekyll and Hyde-Natur' des Chefarztbewerbers erkennen können? Der Vorstandsvize der betroffenen Krankenhausgesellschaft erklärte mir, was im Auswahlverfahren versäumt worden war: „Es gab mehrere Gespräche und Einstellungsinterviews, ein Eignungsprofil durch ein externes psychologisches Institut wurde erstellt. Der Chefarztkandidat wurde bei einer ganztägigen Hospitation dem Team und anderen chefärztlichen Kollegen vorgestellt. Alles lief gut. Nur der geplante Besuch mit dem zukünftigen Chefarzt an seinem bisherigen Arbeitsplatz, ein Gespräch mit seinen bisherigen Kollegen und Vorgesetzten wurde – auf ausdrückliches Bitten des Kandidaten – abgesagt. Ein folgenschwerer und extrem kostspieliger Fehler!

Denn dort hätte das Entscheiderteam viel über die wahre Natur des Kandidaten erfahren können. Die komplette Abteilung war heilfroh, diesen zu dem Zeitpunkt noch leitenden Oberarzt nicht mehr wiedersehen zu müssen. Ein Betrag mit sechs Nullen und mehrere Gerichtstermine waren nötig, um den nicht genau überprüften unhaltbaren Chefarzt schließlich an seiner neuen Wirkungsstätte wieder loszuwerden. Seitdem investiert diese Klinik viel Zeit, Geld und Knowhow in die Auswahl geeigneter Mitarbeiter.

Sie als verantwortliche, eventuell sogar personalverantwortliche Führungsperson sollten – neben allen Assessmentcenter-Erkenntnissen – das vorbildliche Vorgehen Jesu in der Personalauswahlfrage unbedingt beherzigen. Jesus ist bei seinen engsten Mitarbeitern während der Berufungsphase, modern ausgedrückt während der Probezeit, zuhause zu Gast. Der Evangelist Markus beschreibt, dicht hintereinander, zwei maßgebliche Szenen: „Sie verließen die Synagoge und gingen zusammen mit Jakobus und Johannes gleich in das Haus des Simon und Andreas." (Mk 1,29) Alle vier gelten als Jesu erstberufene Jünger. Bei Simon zuhause liegt dessen Schwiegermutter fiebrig im Bett. „Sie sprachen mit Jesus über sie, und er ging zu ihr, fasste sie an der Hand und richtete sie auf. Da wich das Fieber von ihr und sie sorgte für sie." (Mk 1,30b-31)

Kennen Sie die Schwiegermütter Ihrer engsten Mitarbeiter? Waren Sie schon zu Gast in der Familie Ihres Stellvertreters? Job und privat gut voneinander zu trennen ist sicherlich sinnvoll. Sinnvoll, um vor lauter Nähe oder Freundschaft die geschäftliche Professionalität nicht aus den Augen zu verlieren. Job und privat absolut voneinander zu trennen, ist falsch. Ihre Mitarbeiter sind in den meisten Fällen familiär geprägt und sozialisiert. „Sage mir, mit wem du umgehst, so sage ich dir, wer du bist; weiß ich, womit du dich beschäftigst, so weiß ich, was aus dir werden kann."[13]

13 Johann Wolfgang von Goethe, Wilhelm Meisters Wanderjahre.

Der Blick ins persönliche Umfeld hat als Baustein einer Profiling-Matrix einen tiefen Sinn. Wie sich ein Mensch zuhause, privat, im Familiengefüge gibt, vermag Eigenschaften und Verhaltensweisen ans Licht zu bringen, die auch beruflichen Umfeld förderungs- oder eben verabscheuungswürdig sind. Im Büro der brave Stiefellecker, zuhause der Despot. Klingt wie ein Klischee, ist aber oft unangenehme Realität. Hätte die Schwiegermutter von Simon Petrus ihrem Heiler Jesus gesagt, dass ihr Schwiegersohn zuhause ein Obermacho oder Kotzbrocken sei, wäre höchstwahrscheinlich die weltbekannte Petruskarriere nie zustande gekommen. In Petrus´ Familie war alles in Ordnung. Jesus war nicht nur an den auftragsrelevanten Fähigkeiten seiner Jünger interessiert. Als Evokator hat er immer den ganzen Menschen berufen.

Bist du Bewerber, zukünftiger Mitarbeiter? Echt, stimmig, verlässlich? Ein dreifaches Ja ist wie ein Triple-A bei Geldanlagen. Vollkommen risikofrei gibt es nicht. Aber einen privat und beruflich-fachlich integren Menschen einzustellen, ist eine unternehmerisch wertvolle Investition. Dies gilt insbesondere auch dann, wenn Sie außergewöhnliche Personalentscheidungen treffen wollen. Wenn z.B. der Lebenslauf des Bewerbers nicht astrein ist, wenn er ein klares Defizit oder Handicap hat. Vielleicht auch dann, wenn Aussehen, Herkunft oder Biografie des Kandidaten nicht mainstreamlike sind. Dann verhält es sich wie bei der Evokation des Levi: „Als er [Jesus] weiterging, sah er Levi, den Sohn des Alphäus, am Zoll sitzen und sagte zu ihm: Folge mir nach! Da stand Levi auf und folgte ihm. Und als

Jesus in seinem Haus beim Essen war, aßen viele Zöllner und Sünder zusammen mit ihm und seinen Jüngern; denn es folgten ihm schon viele. Als die Schriftgelehrten, die zur Partei der Pharisäer gehörten, sahen, dass er mit Zöllnern und Sündern aß, sagten sie zu seinen Jüngern: Wie kann er zusammen mit Zöllnern und Sündern essen?" (Mk 2,14-16) So einen stellt er ein, mit solchen Typen gibt er sich ab! Harsche Kritik klingt aus den Worten dieser Pharisäer. Aus welchen Beweggründen Jesus genau diesen Levi berufen hat, ist nicht überliefert. Fest steht: Auch Levis familiär-soziales Umfeld, sein Zuhause, seine Freunde sind für Jesus wichtig. Der Evokator kauft eben nicht die Katze im Sack. Er will wissen, wen er aus welchem Umfeld herausruft.

Noch einmal kurz zurück zur Beispielsituation aus dem Klinikum. Aus dem Missgriff mit dem neurologischen Chefarzt hat sich folgende Goldene Einstellungsregel ergeben: Jeder neu einzustellende leitende Angestellte wird im Laufe des Bewerbungsverfahrens einmal am bisherigen Arbeitsplatz und einmal in seinem Zuhause besucht. Zudem wird er, zusammen mit Ehepartner oder Lebensgefährten, von der Klinikleitung zu einem gemeinsamen Restaurant-Besuch eingeladen. Erst danach wird über eine Anstellung entschieden. Probezeiten sind überdies eine hilfreiche Erfindung. Das gilt für das Personalrecruiting wie für das Heiraten. Ganz frei nach Schiller: Drum prüfe, wer sich (ewig) bindet … ob sich noch etwas Besseres findet.

Wissen to go

Der Evokator ist ein Top-Menschenkenner. Kein Evokator kauft die Katze im Sack. Wie verlässlich ist der neue Mitarbeiter, wie loyal die neue Stellvertretung? Professionelle Personalauswahl ist das A und O für ein erfolgreiches Team und daher eine hoheitliche Führungsaufgabe.

9. Vorsicht vor dem Boss

Gemeinsame Teamsitzung. Der Chef kommt wie immer zu spät. Lautstark mit dem Handy telefonierend betritt er den Raum. Keiner wagt weiterzusprechen. Big Boss ist da. Alptraum, Horrorvorstellung? Ja, bestimmt, aber auch nicht selten Realität. Viel zu oft höre ich von Mitarbeitern und Führungspersonen des Mittleren Managements, wie unhöflich, abwertend und diskreditierend sich ihre Chefs verhalten. „Uns wird das Einnehmen einer Vorbildfunktion gepredigt, wertschätzender Umgang mit Kunden und Kollegen immer wieder eingefordert. Und die da oben machen, was sie wollen." Aus diesem O-Ton einer Abteilungsleiterin sprechen Wut und Resignation. Ihre Chefin rollt in gemeinsamen Sitzungen gerne verächtlich mit den Augen, wenn ihr eine Aussage nicht passt. Sie spielt respektive schreibt mit dem Handy ganz demonstrativ, während andere reden. Anstatt zuzuhören fährt sie dieser Abteilungsleiterin und ihren Kollegen oft sprachlich in die Parade. Das macht wütend. Die Resignation stellt sich ein, sobald klar ist, dass auch vorsichtig vorgetragene Kritik an diesem Verhalten oder Beschwerden bei der Geschäftsführung wirkungslos im Orbit verhallen. Es geht noch heftiger. Abgeleitet vom Wort Boss ist auch das Bossing längst nicht mehr unbekannt. Mitarbeiter sollen kaltgestellt oder aus dem Unternehmen vergrault werden. Der Boss selbst ist der Betreiber solcher Schweinereien. Bossing ist Mobbing durch den Chef. Wer so einen Alleinherrscher-Ansatz praktiziert, ist absolutes Gift im Sinne eines mitarbeitergerechten und verantwortungsvollen Führungsverständnisses.

„Verlange nichts von deinem Untergebenen, das du nicht selbst bereit bist zu geben“, lautet eine quellenfrei überlieferte Managerweisheit. Drei Eckpfeiler aus dem Führungsverhalten Jesu ermöglichen Ihnen ein tadelloser Chef zu sein.

1. Nehmen Sie Ihren Mitarbeiter ernst. Schauen Sie nicht nur auf seine jeweilige Arbeitskraft und -leistung, sondern begegnen Sie ihm als Menschen. Seine persönliche Lebenssituation, sein familiäres Setting sind für Sie kein lästiges Drumherum. Sie interessiert, wie es Ihrem Mitarbeiter geht, wie er lebt und was ihm wichtig ist. Dieser Eckpfeiler des Jesus-Konzeptes wurde gerade im Kapitel „Evokator“ beleuchtet.

2. Reflektieren Sie sich selbst. Fordern Sie regelmäßig Feedback für sich ein und geben Sie es. Nehmen Sie sich Zeit und Raum für professionelle Evaluationen Ihres Führungsverhaltens. Wie Jesus diese Ankermethoden eingesetzt hat und wieviel wir heute noch davon lernen können, wurde im Kapitel „Tröstlich oder fatal“ und folgend im Kapitel „Gehet hinaus in alle Welt“ beschrieben.

3. Begegnen Sie Ihrem Mitarbeiter gleichzeitig personenbezogen und aufgabenorientiert. Das bedeutet, für jeden Mitarbeiter individuell die richtige Mischung aus Fördern und Fordern zu bemessen und anzubieten. Im Kapitel

„Führen im 4/4-Takt“ finden Sie die Top-Tipps für ein mitarbeiterbezogenes Führen.

Alle drei Eckpfeiler zusammengefasst ergeben den coachenden Führungsstil. Diesem Führungsverständnis folgend, werden vom Vorgesetzten und seinem Team keine Probleme und Fehler beklagt, schon gar nicht Sündenböcke oder Bossingopfer gesucht. Gemeinsam werden Antworten und Lösungen für diffizile Situationen gesucht. Der Mitarbeiter kommt demnach nicht zu seinem Vorgesetzten und sagt: „Chef, wir haben eine Beschwerde vom Kunden Müller, eine Schieflage in unserer Produktion, ein massives Zeitproblem. Sie müssen etwas tun.“ Richtig gefördert wird der Mitarbeiter sagen: „Chef, wir haben eine problematische Situation und die folgenden beiden Lösungsvarianten habe ich für Sie zur Entscheidung im Gepäck.“ Erkennen Sie den Vorteil für beide Seiten? Der Mitarbeiter selbst kann seine Kreativität und seine Verantwortung wirkungsvoll miteinbringen. Der Vorgesetzte muss sich nicht in jeden problematischen Vorgang selbst akribisch hineinarbeiten und kann dennoch kompetent entscheiden. Für den Teamspirit und die Arbeitsmotivation kenne ich kein geeigneteres Führungsverhalten. Für seine Jünger war Jesus der Lehrer, der Prophet, der Messias, das große Vorbild. Der coachende Führungsstil war noch gar nicht erfunden. Und trotzdem hat Jesus ihn immer wieder praktiziert. Seine unkopierbare Fähigkeit als Evokator hat er regelmäßig genutzt, um die passenden Mitarbeiter für die entsprechenden Aufgaben zu finden. Als Coach hat er sie dann im Anwendungsalltag begleitet. Bestes Beispiel hierfür, ja sozusagen Jesu Meisterstück als Coach, ist die Verwandlung des Fischers Simon in Petrus, den Kirchenfelsen.

Wenn Sie als Führungskraft zu der Truppe derer gehören, die sagen, „Mir macht keiner was vor, ich bin ein alter Hase, ich weiß, wie man führt.", empfehle ich Ihnen dringend mehr Demut und einen guten Führungskräftecoach an Ihrer Seite. Alle Führungskräfte, die sich Ihre Neugier erhalten haben und die Mitarbeitenden als Chance, nicht als Belastung erkennen, werden dem Bossing nicht verfallen.

Wissen to go

Herrschen ist out. Gestalten ist in. Führungsprofis lassen sich coachen und coachen selbst. Der coachende Führungsstil bereichert Sie und Ihre Teams vom Beschwerdemanagement bis zur Kreativabteilung.

10. Gehet hinaus in alle Welt

Eine Kardinaldisziplin des coachenden Führungsstils ist das verantwortungsvolle Abgeben-Können. Dazu ein fachkundiger Blick auf das 1. und das 21. Jahrhundert.

227 Auslandsvertretungen hat die BRD zurzeit. Botschafter und Konsule vertreten den deutschen Bundespräsidenten rund um den Globus. Sie sind „Augen, Ohren und Stimme Deutschlands im Ausland".[14]

Zugegeben, keinen dieser Abgesandten, Botschafter und Konsule hat Jesus persönlich entsandt. Wobei ich regelgerechte Berufungen bei einigen der Staatsdiener keineswegs ausschließen möchte. Jesus hat – das ist die augenfällige Parallele – schon vor 2000 Jahren dasselbe Prinzip angewendet. Sein Entsenden von Personen entspricht einer diplomatischen Mission. Seine Jüngerinnen und Jünger hat er zu Aposteln bestimmt. Sie sollten und durften sein Legat weitertragen. Somit waren die Apostel die Delegierten im reinsten Sinn des Wortes. Das lateinische Wort *de-legare* bedeutet „abordnen". Das Grundwort legare „als Legaten abordnen" ist rückgebildet aus dem Substantiv legatus „mit gesetzlicher Vollmacht Beauftragter, Gesandter". Jesus hat sein eigenes Vollmachtsverständnis

14 Auswärtiges Amt; auswaertiges-amt.de, Stand 2014.

auf den Kreis der Jüngerinnen und Jünger übertragen. In seinem Namen und in seinem Auftrag waren und sind die Nachfolgegenerationen hoffentlich unterwegs.

Viele Führungspersonen tun sich schwer damit Aufgaben abzugeben, ihre Mitarbeiter mit bestimmten verantwortlichen Tätigkeiten zu betrauen. Zwei Hauptgründe habe ich im Laufe meiner Führungstrainings festgestellt: entweder ein fehlendes Zutrauen in die Fähigkeiten, die Bereitschaft, die Motivation der Mitarbeiter oder ein fehlendes Zutrauen in sich selbst. Eine Führungsperson, die Aufgaben delegiert, muss loslassen können. Sie darf sich nicht selbst zum alleinigen Maß aller Dinge erheben. „Dann mach ich es lieber selbst, bevor meine Mitarbeiter es tun und es nicht so ausfällt, wie ich es mir vorgestellt habe.“ Diesen Satz eines führenden Prokuristen einer großen deutschen Telekommunikationsfirma habe ich schon viele Jahre im Ohr.

Was benötigt der Entsendende? Und was benötigen die Delegierten, um Auge, Stimme und Ohr, also so etwas wie der verlängerte Arm zu sein?

Jesus macht es uns vor. An mehreren Stellen berichten die Evangelien von der Aussendung der Jünger. Der Evangelist Lukas führt uns die detailreichste Fassung vor Augen. Zunächst entsendet Jesus seine zwölf Jünger. Er selbst hat sie auserwählt und ausgebildet. Ihr Kompetenzprofil ist ausgereift genug, um sie zu delegieren. Nachdem dieses Projekt offensichtlich erfolgreich war, berichtet Lukas über eine Delegationserweiterung. 72 Auserwählte werden nun, jeweils zu zweit entsandt. Wie folgt, lässt sich das erfolgreiche Delegationsverständnis der Führungsperson Jesus präzisieren: „Danach suchte der Herr zweiundsiebzig andere aus und sandte sie zu zweit voraus in alle Städte und Ortschaften, in die er selbst gehen wollte. Er sagte zu ihnen: Die Ernte ist groß, aber es gibt nur wenig Arbeiter. Bittet also den Herrn der Ernte, Arbeiter für seine Ernte auszusenden. Geht! Ich sende euch wie Schafe mitten unter die Wölfe. Nehmt keinen Geldbeutel mit, keine Vorratstasche und keine Schuhe! Grüßt niemand unterwegs! Wenn ihr in ein Haus kommt, so sagt als erstes: Friede diesem Haus! Und wenn dort ein Mann des Friedens wohnt, wird der Friede, den ihr ihm wünscht, auf ihm ruhen; andernfalls wird er zu euch zurückkehren. Bleibt in diesem Haus, esst und trinkt, was man euch anbietet; denn wer arbeitet, hat ein Recht auf seinen Lohn. Zieht nicht von einem Haus in ein anderes! Wenn ihr in eine Stadt kommt und man euch aufnimmt, so esst, was man euch vorsetzt. Heilt die Kranken, die dort sind, und sagt den Leuten: Das Reich Gottes ist euch nahe.“ (Lk 10,1-9)

Schauen wir genauer hin. Damals wie heute sind drei Erfolgsfaktoren für eine effektive Delegation unerlässlich:

1. Gegenseitiges Vertrauen

Die Apostel müssen Kompetenz mitbringen. Jesus hat ganz bewusst Menschen ausgewählt, denen er diese Aufgabe zutraut. „Es gibt nur wenige ‚Arbeiter des Herrn‘ und ihr 72 gehört dazu. Euch traue ich diese Mission zu.“ Genauso müssen die Apostel, die Delegierten dem Entsendenden vertrauen. Es darf nicht das Gefühl von Überforderung, gar von Manipulation vorhanden sein. Nur, wenn ich viele Erfahrungen mit dieser Person habe, wenn ich sie als verlässlich und fair kennengelernt habe, kann ich mich in ihrem Namen auf den Weg machen, an die Aufgabe herangehen. Die Apostel waren mit Jesus vertraut. Neben einem natürlichen Kribbeln im Bauch: „Was genau wird auf uns, auf mich zukommen?“, „Kann ich es wirklich schaffen?“, wird bei den Aposteln auch ein starkes Gefühl der Ehre, „mir traut er das zu“ vorhanden gewesen sein. Delegieren ist nicht nur das Aussprechen von Arbeitsanweisungen. Es handelt sich in der Tat um eine Art Kontrollverlust. Wenn ich es ehrlich meine als Führungsperson, dann lasse ich die Mitarbeiter im gesteckten Rahmen, im Rahmen der gemeinsamen verbindlichen Vereinbarungen, eigenständig und eigenverantwortlich tätig sein.

2. Transparenz

Der Erfolg einer Delegation hängt vor allem von der Klarheit ab: Was genau erwarte ich von dir? Die Aufgabe muss für beide Seiten konkret und eindeutig formuliert sein. Rückfragen sind an dieser Stelle immer willkommen, damit alle Unklarheiten beseitigt werden können.

Jupp, der Polier an der Baustelle erhielt eines Tages von seinem Chef den Auftrag: „Bohr mir an dieser Stelle ein Loch.“ Jupp besorgte die entsprechenden Geräte und bohrte das Loch. Er ging zu seinem Chef und zeigte das Ergebnis. Der Chef schaute nach, nickte und sagte: „Bohr mir 1 m links davon noch so ein Loch.“ Jupp bohrte dieses Loch ohne nachzudenken, ohne zu murren, ohne zu fragen. Nach dem 2. Loch zeigte er das Ergebnis seinem Chef. Dieser nickte wieder und sagte: „Bohr mir 1 m links hiervon noch ein Loch." In diesem Rhythmus ging es genau acht Mal von Loch zu Loch. Bevor Jupp das 9. Loch bohren sollte, hatte ihn die Lust absolut verlassen. „Was mache ich hier für einen Quatsch?" „Weshalb tut er mir das an und lässt mich sinnlos Löcher bohren?" Mit einer großen Portion Enttäuschung und wohl auch Wut im Bauch geht Jupp zum Chef und beklagt sich darüber. Der Chef schaut ihn mit großen Augen an und sagt: „Aber Jupp ich wollte doch nur, dass du herausfindest wo die Wasserleitung hergeht. Deshalb brauchte ich die ganzen Löcher, um zu wissen wo sie liegt." „Chef warum haben Sie das nicht gleich gesagt? Der Architekt hat heute Morgen in der Bauhütte die Pläne liegen gelassen, dort ist die Wasserleitung eingezeichnet. Ich hätte Ihnen die Unterlagen doch sofort geholt."

Diese kleine Geschichte zeigt, worauf es noch ankommt in Bezug auf Transparenz. Sinn und Zweck der Aufgabe und gleichzeitig die Zielsetzung müssen vollkommen klar sein. Ein Mitarbeiter, der nicht weiß, was von ihm erwartet wird und wozu er den Auftrag ausführen soll, wird schnell mutlos oder geht schon von Anfang an nur sehr halbherzig zur Sache.

Vergleichen wir unsere Beispielperikope aus dem Lukasevangelium: „Geht! (…) Nehmt keinen Geldbeutel mit, keine Vorratstasche und keine Schuhe! (…) Wenn ihr in ein Haus kommt, so sagt als erstes: Friede diesem Haus! (…) Bleibt in diesem Haus, esst und trinkt, was man euch anbietet; denn wer arbeitet hat ein Recht auf seinen Lohn. Zieht nicht von einem Haus in ein anderes.“ (vgl. Lk 10,4-7)

Dies sind klare, detailreiche Instruktionen. Auch für den Fall der Ablehnung, dass die Apostel nicht willkommen sind, gibt Jesus einen eindeutigen Rahmen vor: „Wenn ihr aber in eine Stadt kommt, in der man euch nicht aufnimmt, dann stellt euch auf die Straße und ruft: Selbst den Staub eurer Stadt, der an unseren Füßen klebt, lassen wir euch zurück." (Lk 10,10-11a)

3. Feedback

Erst, wenn du die Antwort auf deine Nachricht bekommen hast, weißt du, was du wirklich gesagt hast. Diese Erkenntnis vom Kommunikations-Altmeister Watzlawick war schon zu biblischen Zeiten und ist auch heute noch gültig. Die Wirkung der verbalen und nonverbalen Botschaften, die wir von morgens bis abends bewusst und oft auch ungewollt senden, ist nicht zu unterschätzen. Beim einfachen Quittieren fängt eine professionelle Delegationsabsprache an. Sind meine Anweisungen verständlich, bin ich klar herübergekommen, sind Sie mit diesem Vorgehen einverstanden? Bei der Antwort Ja steht dann alles auf Go. Bei einem Nein ist zu klären, welche weiteren Infos oder Veränderungen notwendig sind. Dann sind gegenseitige Rückmeldungen während des Auftragszeitraums unerlässlich. Wo stehen wir? Was fehlt? Wie realistisch ist der Zeitplan? Zu Zeiten Jesu war außer dem persönlichen Gespräch maximal ein Brief oder eine Botennachricht als

Rückmeldung möglich. Da sind wir weiter. Per Telefon, Handy oder PC sind Rückmeldungen super zeitnah send- und empfangbar. Diese schnelle Kommunikation darf nicht von Kontrollfreaks als Daueraustausch-Schleife missbraucht werden. Freie Entfaltung und eigenständiges Vorgehen prägen nun einmal eine echte verantwortungsübertragende Delegation. Am Ende einer solchen Delegation, nach Erledigung des Auftrags, erfolgt sachzwingend ein Feedback. Zurückfüttern heißt diese Kommunikationskunst wörtlich aus dem Englischen übersetzt. Auftraggeber und Entsendeter nehmen sich Raum und Zeit für eine detaillierte Rück- und Vorschau. Und so berichtet der Evangelist Markus: „Die Apostel versammelten sich wieder bei Jesus und berichteten ihm alles, was sie getan und gelehrt hatten. Da sagte er zu ihnen: Kommt mit an einen einsamen Ort, wo wir allein sind, und ruht ein wenig aus." (Mk 6,30-31a)

Wie ist es mir und dir ergangen? Welche Eindrücke von dir nehme ich mit? Was lässt sich verbessern? Worauf können wir vertrauen? Persönlich, ehrlich, kritisch und fordernd ist ein gutes Feedback. Frei nach Erich Kästner soll das Feedback nicht wie ein nasser Lappen ins Gesicht geschleudert werden, Feedback ist der angebotene Mantel, in den der Feedbacknehmer hineinschlüpfen kann. Im Sinne des Zurückfütterns ist ein echtes Feedback eine gut duftende schmackhafte Einladung zu einem Essen und absolut keine Zwangsernährung. Jede Führungsperson, die Wert legt auf Qualität, Stimmigkeit und Erfolg, muss Feedback als Geber und Nehmer beherrschen. Nur im

Rahmen eines echten Feedbacks werden Lob und Kritik aussprechbar und annehmbar. Feedback sollte möglichst unmittelbar erfolgen, damit die Erlebniseindrücke noch frisch sind. Immer und überall muss Feedback reversibel, also umkehrbar sein. Der Chef hat beispielsweise nicht das Recht seinem Mitarbeiter zurückzufüttern, „was haben Sie denn da wieder für einen Mist gebaut“, wenn er nicht die wortlautgleiche Schelte aus dem Mund des Mitarbeiters akzeptieren würde. Hierarchien sind im Feedbackprozess aufgehoben. Das entscheidende Vorgehen, um ein Feedback verstehbar und annehmbar zugleich zu formulieren, illustriere ich am Beispiel meiner Politikerschulungen. Nach der Vermittlung bestimmter rhetorischer Fertigkeiten, nehme ich Kurzreden der Teilnehmenden mit dem Camcorder auf. Gemeinsam schauen und hören wir uns den Redebeitrag anschließend im Fernsehen oder per Beamer an. Das erste Wort hat immer derjenige, dessen Auftritt gerade analysiert wird. Anschließend dürfen alle Seminarteilnehmer ihre Eindrücke schildern. Dabei kommen folgende Rückmeldungen wirklich häufig vor: „Du warst richtig gut, wirktest souverän.“ Und zu einem anderen gewandt: „Bei dir hingegen war viel Nervosität spürbar.“ Stopp! Mit dieser Art von Rückmeldung können wir nicht genug anfangen. In einem echten Feedback sollten wir verdeutlichen, wie wir zu unserem Eindruck gelangt sind. Die entsprechende Regel lautet: Schildern Sie als erstes Ihre Wahrnehmung, geben Sie dann Ihre Deutung, Ihre Interpretation und beschreiben Sie schließlich Ihr Empfinden. „Du hast vier Mal deine Nase gerieben, acht Ähms habe ich gezählt und dein Blick an die Decke war auffällig. Alles zusammengenommen, hast du einen unsicheren, nervösen Eindruck hinterlassen. Mein Gefühl ist, so würdest du bei der nächsten Wahl nicht genügend Stimmen bekommen und meine auch nicht.“ Da ein Feedback immer dialogisch angelegt sein muss – auch das Füttern selbst bei kleinsten, noch wortlosen Babys, ist – wie alle Eltern bestätigen werden – ein Geben und Nehmen, sollten nun Verhaltensursachen und Verbesserungsmöglichkeiten gemeinsam in den Blick genommen werden. Wie lassen sich Ähms vermeiden? Woran lag der häufige Blick zur Decke? Rechtfertigungen oder gar Schuldzuweisungen haben im Feedback niemals Platz. Impulse zur Verhaltensänderung, -sicherung oder zur Delegationsverbesserung sind das Ziel. Nutzen Sie Seminare und Schulungen zu diesem Kernkompetenzthema. Es macht richtig Spaß, Feedback zu erlernen.

Wissen to go

Unzählige Manager delegieren gar nicht oder fehlerhaft. Machen Sie es sich einfach und halten sich an die drei Dimensionen des Delegierens:

- Vertrauen aufbauen und thematisieren
- Transparenz herstellen und einfordern
- Feedback geben und nehmen

11. Das Schaf Elfriede

„Seid vollkommen, wie auch euer himmlischer Vater vollkommen ist.“ (Mt 5,48)

Mit dieser Passage habe ich mich immer sehr schwer getan. Welcher Mensch sollte einem Vergleich mit Gott standhalten, und wie vermessen ist es zu glauben, irdisch vollkommen sein zu können. Der altgriechische Originalbegriff *teleios* steht nicht nur für vollkommen und vollendet. Wirksam und tüchtig steckt auch in dieser Wortbedeutung.

Von dieser wirksamen Vollkommenheitsidee ausgehend, versuche ich eine dem biblisch-christlichen Ansatz nach tüchtige Führungsperson zu skizzieren. Wie bei einem erlesenen Kochrezept kommt es neben dem handwerklichen Geschick auf beste Zutaten an. Man nehme also: Patriarchalische und matriarchalische Führungsanteile als Grundzutat. Die väterlich-mütterliche Verbundenheit mit den Mitarbeitenden, die in dieser Grundzutat enthalten ist, gewährleistet eine emotionale, individuelle Beziehung zu den mitarbeitenden Persönlichkeiten. Hier ist kein Arbeitnehmer eine Nummer oder ein austauschbarer Akkordmalocher. Die Mitarbeiter und ihre Belange werden ernst genommen. Aber: Vorsicht mit gluckenhaftem Überbemuttern. Das Entwickeln eigener Meinungen und Positionen der Angestellten und Nachwuchsführungskräfte darf nicht behindert werden. Der archetypische

Handwerksmeister, der zwar offiziell seinem Sohn die Firmenleitung übertragen hat, gleichzeitig aber weiterhin alle Strippen zieht, ist hier fehl am Platz. Patriarch meint nicht Oberlehrer, Übervater oder gar Pascha. Der fördernde und fordernde Papa, die gerechte, herzliche Mama ist gemeint. Abba, Papa, die jesuanische Gebetsanrede für Gott-Vater meint genau diese Elternqualität.

Ganz nah an einem solchen Führungsstil ist Jesu Lieblings-Gleichnis-Person: der gute Hirte. Ins Lateinische übersetzt: der Pastor. Der Pastor ist der Hirt, der seine Herde behütet. Für ihn gibt es keine dummen Schafe oder doofen Ziegen. Seine Herde, jedes einzelne Tier ist ihm wichtig. „Wenn einer von euch hundert Schafe hat und eins davon verliert, lässt er dann nicht die neunundneunzig in der Steppe zurück und geht dem verlorenen nach, bis er es findet? Und wenn er es gefunden hat, nimmt er es voll Freude auf die Schultern, und wenn er nach Hause kommt, ruft er seine Freunde und Nachbarn zusammen und sagt zu Ihnen: Freut euch mit mir; ich habe mein Schaf wiedergefunden, das verloren war." (Lk 15,4-6)

Führungskräfte müssen keine heldenhaften Beschützer ihrer Mitarbeiter sein. Die Verantwortung für angemessene Arbeitsbedingungen haben sie aber unbedingt. Diese Verantwortung ist die geschmackgebende Zutat in unserem Führungspersonen-Rezept. Sie ist das Salz in der Suppe. Zuviel ist unlecker und ungesund. Zu wenig geht gar nicht.

Mitarbeiter, die sich ins ‚Klein-Klein' verirren, benötigen genauso den Hirten, wie die ‚Über-Das-Ziel-Hinausschießenden'. Die individuelle Mitarbeiterführung mit dem Zusammenhalt des Teams zu koppeln ist eine Schlüsselqualifikation jedes pastoralen Führungskonzeptes. Kein Teamchef kann mit 11 Diven oder Solokünstlern auf dem Fußballplatz gewinnen. ‚Elf Freunde', mit der angemessenen individuellen Förderung durch den Chef, sollt ihr sein. Überdies sind die Hirten in der Regel stolz auf ihre Herde. Stolz meint hier keine elitäre Verzückung, kein arrogantes Inseldenken. ‚Mia san mia', ‚unsere Abteilung ist die beste, ätschebätsch', hat nicht mal im Kindergarten Platz. Ein stolzer Chef/Hirte nimmt seine Mannschaft/Herde ernst, respektiert die anderen Teams und ist abteilungsübergreifend kooperativ.

Doch selbst, wenn eine moderne Führungskraft als guter Hirte agieren möchte, gibt es ein echtes, quasi naturgegebenes Problem. Wenn der Hirte Signal zum Aufbruch gibt, zieht die Herde mit ihm weiter. Jede Herde kommt dabei nur im Tempo der Langsamen geschlossen voran. Naturverbunden und situativ entscheidet der Hirt, ob jemand zurückgelassen werden muss. Manchmal, wie im obigen Gleichnis Jesu, trägt er das lahmende Tier auf der Schulter. Oft bleiben die Schwachen unausweichlich auf der Strecke. Hier sollte sich die moderne Führungskraft von dem nomadischen Hirten biblischer Zeit unterscheiden. Das Schaf, die Ziege, die nicht mehr mithalten konnten, wurden zu Wildtierfutter. Auch der langsamste, unproduktivste Mitarbeiter im Team hat ein Recht auf menschenwürdige Behandlung. Aus meiner täglichen Coachingtätigkeit sind mir immerhin einzelne Unternehmen bekannt, die Mitarbeiter wirklich nicht als austauschbare Man-/Womenpower betrachten. „Wer nicht mithält, wird ersetzt“, gilt dort nicht. Gezielte Förderungen, z.B. durch individuelle Fort- und Weiterbildungen, teilweise auch Einzelcoachings sollen die betroffenen Mitarbeiter wieder fit machen, um mit der Herde Schritt zu halten. Wenn es nicht anders geht, werden alternative Beschäftigungsmöglichkeiten zuerst im eigenen sonst in Kooperationsunternehmen gesucht. Das Hängenlassen, „sollen die Wölfe das Schaf doch reißen“ ist in diesem Hirtensinne tabu.

In der Adventszeit lese ich unseren beiden Kindern seit einigen Jahren die Geschichte des kleinen Schafes Rica vor. Eine hervorragende Literatur, verfasst von Susanne Pramberger, um kindgerecht die Weihnachtsgeschichte mitzuerleben. Aus der Perspektive des Schäfchens Rica werden, wie bei einem Adventskalender, jeden Tag im Dezember neue Erlebnisse auf dem Weg zur Geburt Jesu erzählt. Fensterbilder zum Ankleben ergänzen das Gesamtensemble. Am 8. Tag klopft das Schaf Elfriede ans Scheunentor. In der zugehörigen Scheune haben Rica und ihre Freunde ein vorübergehendes Zuhause gefunden. „Zitternd vor Kälte steht ein altes Schaf vor ihnen.“ Mischa der Hirtenhund und Rica bitten die frierende Elfriede mitfühlend hinein in die wärmende Scheune. „Rica überlegt nicht lange: ‚Willst du bei uns bleiben? Anton ist bestimmt einverstanden.‘“ Anton der Hirte ist einverstanden, hätte aber gerne weitere Infos zu den Hintergründen. Mischa erklärt: „Die anderen Schafe wollten nicht immer auf sie [Elfriede] warten, aber sie kann nicht mehr so schnell laufen. Jetzt findet sie ihre Herde nicht mehr."[15] Anton stellt daraufhin das neue Teammitglied der ganzen Herde vor. Elfriede wird aufgenommen und nicht rausgeworfen. Dieses Schaf hat Schwein gehabt.

Alt und nicht mehr zu gebrauchen. Zu lahm, um im rasanten Alltagsgeschäft Schritt zu halten. Viele Unternehmen können sich diese Haltung aber aufgrund der demografischen Entwicklung nicht länger leisten. „Mit vorzeitigen Pensionierungen und Altersteilzeitvereinbarungen müssen wir künftig sehr selektiv umgehen. Das ist zu teuer und der Know-how-Verlust ist zu groß," sagt Gothaer-Personalvorstand Michael Kurtenbach. Er ist ein Vertreter der schätzungsweise zwei Dutzend deutschen Vorreiter, die für ihr Unternehmen ein lebensphasenspezifisches Personalmanagement betreiben.

Dazu hat sich die Gothaer Versicherung das „Senior Expert Modell" für Manager der ersten und zweiten Führungsebene einfallen lassen. Sie arbeiten wann und wie sie wollen. Wer aus dem Alltagsdruck mit Personal- oder Budgetverantwortung raus möchte, betätigt sich dann als Projektmanager, Berater des Vorstands oder auch als Mentor für den Nachwuchs. „Wir wollen sie länger fit und an Bord halten." Allerdings nutzen dieses Angebot gerade mal fünf von zehn der über 60-jährigen Manager. Immer öfter ist das spezifische Know-how der Älteren so gefragt, dass eine

15 Pramberger, Susanne: Rica erlebt Weihnachten, Lahr 2008, S. 8.

wachsende Zahl von Unternehmen sich einiges einfallen lässt, um selbst Rentner erneut an sich zu binden.[16]

Elfriede hat Glück gehabt. Ein neuer Hirte, ein neues Team nehmen sie gerne auf. Aber warum tun sie das? Sympathie, im altgriechischen Wortsinn als mit-leiden und mit-fühlen zu verstehen, markiert das eine Motiv. Elfriede ist kein altes Lästermaul, keine ‚Alle-sind-gegen-mich'-Lamentierende. Sie fordert keinen Einlass in die Scheune, sondern bittet höflich und freundlich um Unterstützung. Sie biedert sich nicht an. Sie klopft an. Das macht sie sympathisch. Das andere Motiv ist die Solidarität. Rica, Mischa und ihr Chef Anton erkennen: Hier ist unsere Hilfe gefragt. Weggucken zählt nicht. Sie ist doch ‚ein Schaf wie wir'. Damit ist sie eine von uns. Wir sind zuständig. Ein sympathisch-wohlwollender Blick auf den Menschen und nicht nur auf seine Arbeitskraft, verquirlt mit konkret angewandter solidarischer Verantwortung sind die Haute-Cuisine-Bestandteile einer vollkommenen Führungsperson.

Wissen to go

Kein Unternehmen kann ohne gesellschaftliches Umfeld, ohne Kunden existieren. Solidarische Verantwortung zu übernehmen zahlt sich daher letztendlich immer aus. Auf den Erfahrungsschatz älterer Mitarbeiter zu verzichten ist ökonomischer Unsinn. Mit dem Pastorblick entgehen Ihnen keine Chancen.

16 https://www.karriere.de/mein-naechster-job/jobs-60plus-die-besten-stellenangebote-fur-senioren/

12. Tempelreinigung

Die Synoptiker[17] berichten einträchtig von einem handfesten Eklat:

Jesus ist außer sich vor Zorn. Er wendet Gewalt an. Der Friedfertige hat im besten Sinne des Wortes die Schnauze voll. Was ist geschehen? Der Heilige Tempel in Jerusalem ist zu einer Markthalle mutiert. Taubenhändler, Geldwechsler und andere Geschäftemacher stehen Stand an Stand im Tempelbezirk. Laut preisen sie ihre Dienstleistung an und nutzen die kultisch vorgeschriebene Opferbereitschaft der Gläubigen aus. Jesus stößt ihre Tische um und schreit sie an: „Mein Haus soll ein Haus des Gebetes sein. Ihr aber macht daraus eine Räuberhöhle." (Mt 21,13 par)

Das schreit zum Himmel. Jesus macht diesem Unrecht mit aller Gewalt ein Ende. Der Evangelist Johannes beschreibt es so krass, wie es wohl wirklich war: „Er [Jesus] machte eine Geißel aus Stricken und trieb sie alle aus dem Tempel hinaus, dazu die Schafe und Rinder; das Geld der Wechsler schüttete er aus und ihre Tische stieß er um." (Joh 2,15) Was soll eine moderne Führungsperson davon lernen? Alle cholerischen Chefs würden sich ja von höchster Stelle bestätigt sehen. Ausrasten ist erlaubt. Ich verstehe diese Szene anders: Es geht hier nicht um einen zu Schrott gefahrenen Dienstwagen, falsch abgeheftete Akten oder

17 Siehe Fußnote 6, S. 21.

das Überziehen der Pause. Auch ist Jesus nicht – wie oft bei aufbrausenden cholerischen Personen zu beobachten – lediglich eine Laus über die Leber gelaufen. Das Heiligste schlechthin, der höchste Wert wird mit Füßen getreten. Jesus verteidigt das Haus seines Vaters. Religionsgeschichtlich betrachtet war der Tempel eines der wertvollsten Güter auf Erden. Jesus greift absolut konsequent durch. Kennen Sie den Film „Sieben Leben“ mit Will Smith in der Hauptrolle? Wenn nicht, empfehle ich Ihnen diesen schnellstmöglich anzuschauen.

Eine bestimmte Filmszene möchte ich an dieser Stelle herausgreifen: In einem Seniorenzentrum ergibt sich eher zufällig für den Steuerinspektor auf Zeit Ben Thomas – verkörpert von Will Smith – ein Blick hinter die Kulissen. Das, was er dort sieht, macht ihn fast sprachlos. Er ist gar nicht zuständig, es müsste ihn nichts angehen. Aber er schaut nicht weg. Er schaut und hört im Gegenteil noch näher hin. Ines – so heißt die Seniorin, der er dort ungeplant begegnet – wirkt unglaublich ängstlich und paralysiert zugleich. Hier kann etwas ganz und gar nicht stimmen. „Was ist da los, wie kann ich helfen?“, fragt sich Ben Thomas sofort. Schnell findet er heraus: Der Heimleiter lässt Ines mit Medikamenten ruhigstellen und zwingt ihr seine Regeln auf. Vor lauter Qualen hat diese Dame aufgehört zu sprechen. Will Smith gelingt es, ihr Vertrauen zu gewinnen. Unter Tränen erzählt sie ihm, dass der scheinheilige Heimleiter ihr als Strafe für ihr eigenständiges Denken verboten hat zu baden. Will Smith ist entsetzt und setzt sich über die Heimregeln hinweg. Auf seinen

Armen trägt er die bettlägerige Frau zu einem Rollstuhl und weist das Personal nachdrücklich an, sie auf der Stelle zu baden. Den Heimleiter, der sich in der Öffentlichkeit als guter Menschenfreund gibt, klatscht er gegen die Wand, präzise gegen eine Glastür. Eindringlich macht ihm der Hauptdarsteller klar, dass dieses Verhalten wirklich das Allerletzte sei. Er werde keine steuerliche Entlastung bekommen, worum es ursprünglich beim Besuch in diesem Seniorenzentrum gegangen war. Und: „Ich komme wieder! Ich werde überprüfen, wie sie Ines behandeln." Der bösartige Umgang mit Ines schreit ebenfalls zum Himmel. Wer sich für das Gute einsetzt, kann so etwas weder akzeptieren noch zulassen. Auch in diesem Beispiel geht es nicht um Lappalien oder einen leicht reizbaren Aggressor. Das Maß des Unrechten ist übervoll. Wegsehen und Zulassen ausgeschlossen.

Moderne Führungspersonen sollten für sich und ihre Teams eindeutig formulieren, worauf es ankommt. Kollegialität, gegenseitiges Verständnis und Wertschätzung gehören zu den qualifiziertesten Bausteinen unternehmerischer Leitbilder. Verbrechen an der Menschlichkeit, Anschläge gegen die höchsten gemeinsamen Werte sind daher der GAU. Auch der Missbrauch von Kindern durch Ordensleute und Priester gehört eindeutig in diese Kategorie. Vorgesetzte Bischöfe, die diese Täter geschützt haben und teilweise bis heute wegsehen, begehen ebenfalls himmelschreiendes Unrecht. Als Ethiker weiß ich, übergeordnete Werte sind notwendig, um das Gute sichtbar und greifbar zu machen. Allein die ersten drei Grundwerte unserer Verfassung - Menschenwürde, Leben und Freiheit - verdienen die volle Akzeptanz jeder Führungsperson. Wenn Sie beim erlebten oder versuchten Verstoß anderer gegen diese Ideale klare Kante zeigen, hörbar und erkennbar Widerstand leisten, sind Sie auch ein Tempelreiniger im guten Sinne. Nicht nur beim DFB im Zuge der Aufarbeitung der Weltmeisterschaft 2006, in den betrügerischen Software-Abgasabteilungen von VW und in vielen Radikal-Parteien fehlen solche Reinigungsprofis.

Wissen to go

Wegsehen gilt nicht! Werteorientierte konsequente Führungskräfte säubern Ihre Abteilung, Ihr Unternehmen innen und außen. Sie übernehmen Verantwortung und zeigen klare Kante. Halten Sie Ihren „Tempel" sauber. Dann kommen Kunden, neue Mitarbeiter und der Glanz wie von selbst.

13. Das Robin-Hood-Prinzip

Letzte Woche besichtigte ich eine neu geschaffene Deluxe-Station in einem katholischen Krankenhaus. Neben lichtdurchfluteten großen Zimmern, modernsten Bädern und einer täglichen Chefarztbehandlung erwartet die Patienten dort echter Luxus. Top Flachbildschirmfernseher, kostenloses WLAN, Zimmerservice und eine All-inclusive-Lounge mit herrlicher Dachterrasse im obersten Stockwerk. Kein Pflegepersonal oder gar ein „normaler Patient" hat hier Zutritt. Die Deluxestation umfasst 36 Betten, verteilt auf drei Etagen und ist dauerhaft belegt. Die Patienten sind Privatversicherte mit Chefarztbehandlungsstatus oder wohlhabende Selbstzahler. Von einer Führungskraft des Krankenhauses, mit der ich im Zuge eines Vor-Ort-Coachings diese Station samt Lounge kennenlernen durfte, weiß ich: viele Selbstzahler, oft onkologische Patienten, die mehrmals im Jahr wiederkehren, reisen aus Ägypten, den arabischen Emiraten oder aus osteuropäischen Ländern an.

Nur durch jeweils eine große Flurtür getrennt, liegen Kassenpatienten mit oftmals den gleichen Erkrankungen in Drei- oder Vierbettzimmern mit nur einem Bad pro Zimmer und kassenversicherten Regelleistungen. Zwei Klassen also. Das Einkommen, die Kohle bestimmt den Behandlungsstatus. Darf es so etwas in einem katholischen

Klinikum denn überhaupt geben? Jesu Wort von dem Kamel, das eher durch ein Nadelöhr gehe, als dass ein Reicher in den Himmel käme, erscheint doch sehr eindeutig. Eine Ethikerin hat in einem Fernsehinterview anlässlich der Eröffnung der beschriebenen Deluxestation das ungerechte Vorgehen der Klinikleitung, die offensichtliche Ungleichbehandlung der Patienten scharf kritisiert. Aus christlich-katholischer Sicht müssten alle Menschen gleich sein und gleich behandelt werden. Wie sehen Sie das?

In den Ordensgemeinschaften und Klöstern der vergangenen Jahrhunderte gab es nahezu überall das Robin-Hood-Prinzip in der Krankenversorgung. Jeder Mensch mit einem Gebrechen körperlicher oder seelischer Not wurde grundsätzlich behandelt. Oft auch ganz ohne Geld, da besonders häufig die Armen erkrankten. Nonnen und Mönche arbeiteten und pflegten selbst nur für Gotteslohn, also gab es kaum Personalkosten. Aber das Behandlungsmaterial, Medikamente und Lebensmittel für die Patienten mussten auch damals schon finanziert werden. Woher nehmen und nicht stehlen? Richtig stehlen, also Klauen, Rauben im wahrsten Sinne des Wortes ging nicht, schon gar nicht angesichts des siebten der zehn Gebote. Wie wäre es dann mit: Wir nehmen es von den Reichen und geben es für die Armen? Ähnlich, nur etwas gewaltbereiter, hat der berühmte Robin Hood rund um den Sherwood Forest wohl gehandelt.

Wenn Damen oder Herren aus gutem Hause in Klöstern gepflegt oder behandelt werden sollten, so war dies oft mit dem Wunsch nach Diskretion und optimaler Verpflegung verbunden. In vielen Ordensgemeinschaften kam man diesen Wünschen nach, allerdings nur gegen angemessene Spenden. Selbst der Beitritt in eine klösterliche Gemeinschaft, eben mit der garantierten lebenslangen Versorgung der aufgenommenen Person war selten ohne Mitgift, ohne Einzahlung in den Klosterfonds möglich. Geld, Besitztümer, Ländereien stellten und stellen oft bis heute noch das Kapital der Ordensgemeinschaften dar. In der Kranken- und Altenpflege wurde dieses Geld maßgeblich für die Versorgung der mittellosen Patienten aufgewandt. Auch Suppenküchen für Bedürftige, Schlafplätze für Obdachlose wurden und werden teilweise heute noch – neben Spenden – durch die Einnahmen aus den Behandlungen der Reicheren finanziert. Vom Geld eines Fürsten, der seine verwirrte (der Begriff Demenz hatte sich noch nicht durchgesetzt) Schwester in die Obhut von Nonnen übergab, konnte oft eine ganze dem Kloster angegliederte Krankenanstalt wochenlang betrieben werden. Die Summen, die auf der Deluxestation erwirtschaftet werden, schaffen ein ansehnliches Investitionspolster. Jetzt kommt der feine Unterschied: Wenn mit dem Geld der Reichen die Taschen der Besitzenden vollgestopft werden, ist dies absolut unchristlich und unethisch. Deluxestationen zur Dividendensteigerung der profitorientierten Aktionäre wären christlich undenkbar.

Jesus vertritt hier eine eindeutige Position. Er erzählt die irdisch-grausame Geschichte des armen Lazarus'. Bettelarm und krank voller Geschwüre lag er vor der Haustür eines Luxusreichen. „Er hätte gern seinen Hunger mit dem gestillt, was vom Tisch des Reichen herunterfiel. Stattdessen kamen die Hunde und leckten an seinen Geschwüren. Als nun der Arme starb, wurde er von den Engeln in Abrahams Schoß getragen. Auch der Reiche starb und wurde begraben. In der Unterwelt, wo er qualvolle Schmerzen litt, blickte er auf und sah von weitem Abraham, und Lazarus in seinem Schoß. Da rief er: Vater Abraham, hab Erbarmen mit mir und schick Lazarus zu mir; er soll wenigstens die Spitze seines Fingers ins Wasser tauchen und mir die Zunge kühlen, denn ich leide große Qual in diesem Feuer. Abraham erwiderte: Mein Kind, denk daran, dass du schon zu Lebzeiten deinen Anteil am Guten erhalten hast, Lazarus aber nur Schlechtes. Jetzt wird er dafür getröstet, du aber musst leiden." (Lk 16,21-25) Reiner Ego-Reichtum ist unchristlich und zutiefst asozial. Der solidarische Reichtum, der zum Nutzen vieler eingesetzt wird – denken Sie an die immensen Investitionen von Bill Gates und Warren Buffet und vieler anderer Steinreicher in Gesundheits-, Förder- und Entwicklungsprojekte – ist gut. Entscheidend ist der verantwortliche Umgang mit ehrlich erworbenen Gewinnen. Weitsichtige Ordensleute haben mit dem Behandlungsgeld der wohlhabenden Patienten verantwortungsvoll die Leistungen für die zahlungsunfähigen Kranken finanziert.

Das oben erwähnte katholische Krankenhaus mit der Deluxestation investiert – als gGmbH wäre alles andere im höchsten Maße illegal – im vollen Umfang in die Verbesserung der Räume, der pflegerisch-medizinischen Ausstattung und der Aufstockung des Personals. Davon profitieren letztlich alle Patienten und Angehörigen. Jesus hat die Sozialunterschiede, das Klassendenken in der Gesellschaft auf seine Weise verändert. Die Bergrede, insbesondere die Seligpreisungen stärken allen Schwachen und Benachteiligten den Rücken. Gottes Nähe gilt all denen, die gesellschaftlich auf der Strecke bleiben. Jesus sagt es existenziell eindeutig: „Amen, ich sage euch: Was ihr für einen dieser Geringsten nicht getan habt, das habt ihr auch mir nicht getan.“ (Mt 25,45b) Verantwortliche, christlich orientierte Führungskräfte müssen Gewinne von reinem Profit unterscheiden.

„Warum“ und „wozu“ lauten die ethisch relevanten Fragen überall auf der Welt. Warum zum Beispiel betreibt jemand oder eine Gruppe ein Krankenhaus? Geht es um eine gesellschaftlich-soziale Pflichterfüllung oder um den Ansatz, bestimmte weltanschauliche – eben auch religiöse – Ansprüche in Pflege und Medizin zu integrieren. Ganz profan kann der Beweggrund auch der Gewinn für die Investierenden, also die reine Kohle, der schnöde Mammon sein. Mit konkurrenzüberholenden oder gar -ausschaltenden Strategien kann der Gesundheitsmarkt nämlich enorm profitabel sein. Ist der unternehmerische Ansatz, die geschäftliche Zielsetzung rein profit- und renommeeorientiert, kann es kein christliches oder humanethisches Plazet geben. Gilt hingegen die Geschäftspraxis, den wirtschaftlichen Gewinn zur Realisierung höherer – zum Beispiel solidaritätsfördernder – Werte, einzusetzen, sind Sie als wertvolle Führungspersönlichkeit im richtigen Unternehmen. Pfeil und Bogen von Robin Hood brauchen Sie heute nicht mehr. Aber seinen Mut, Stellung zu nehmen und Unrechtes anzuprangern, wünsche ich Ihnen sehr.

Wissen to go

Benefit und Profit sind substantielle und somit berechtigte unternehmerische Ziele. Aber: Spielen Sie mit ungezinkten Karten und Ihren Mitarbeitern nichts vor. Pure Gewinnmaximierung und unfaire Erlösverteilung rufen Robin Hood schnell auf den Plan. Teilen und Beteiligen Sie besser von Anfang an.

14. Nicht von dieser Welt!

„Ich heb' ab, nichts hält mich am Boden …", so lautet der Refrainanfang des Liedes *Astronaut* von Sido und Andreas Bourani. Wie abgehoben darf eine Führungskraft sein? Wie erdverbunden sollte sie sein? Kann Jesus auch in diesem Punkt als Vorbild beeindrucken? Als Sohn Gottes war und ist er doch garantiert nicht von dieser Welt. Seine menschliche Natur aber ist auch absolut echt. Als Mann, Freund und Lehrer ist er irdisch und bodenständig. Der Evangelist Johannes dokumentiert die zutiefst menschliche Seite Jesu besonders eindrucksvoll. Sein Freund Lazarus, der Bruder von Martha und Maria aus dem Dorf Betanien ist gestorben. „Als Jesus ankam, fand er Lazarus schon vier Tage im Grab liegen. […] Als Maria dorthin kam, wo Jesus war, und ihn sah, fiel sie ihm zu Füßen und sagte zu ihm: Herr, wärst du hier gewesen, dann wäre mein Bruder nicht gestorben. Als Jesus sah, wie sie weinte und wie auch die Juden weinten, die mit ihr gekommen waren, war er im Innersten erregt und erschüttert." (Joh 11,17;32-33) Jesus ging mit ihnen zu Lazarus' Grab und dann heißt es im Evangeliumstext: „Da weinte Jesus. Die Juden sagten: Seht, wie lieb er ihn hatte!" (Joh 11,35-36) Menschlicher geht es nicht.

Weitere Zeugen für Jesu Bodenständigkeit sind seine Widersacher. Als Fresser und Säufer beschimpfen sie ihn (vgl. Mt 11,19). Jesus steht auch ernährungstechnisch mitten im Leben. Damit soll nicht der Eindruck erweckt werden, er hätte keine Party ausgelassen. Vielmehr gilt: Jesus war kein asketischer Weltentsager und auch kein Workaholic. Predigen, Heilen, Lehren – und dann Ruhe. Immer wieder hält er auch seine Jünger an, Pause zu machen. Sich Zeit zu nehmen, für Essen, Trinken, Schlafen und das entspannte Zusammensein mit Familie und Freunden, ist existentiell wichtig. Die Work-Life-Balance muss stimmen.

Jesus und seine Freunde waren keine Workalholics. Die so genannte Generation Y, also die zurzeit jungen Berufstätigen stehen diesem Gedanken nahe.[18] Die Gruppe der heute Siebzigjährigen hatte da oftmals noch ganz andere Prinzipien. „Schaffe, schaffe, Häusle baue"; „Leben, um zu arbeiten"; „Erst die Arbeit, dann das Vergnügen". Seit Jahrzehnten gelten für viele diese das Berufsleben prägenden Maximen immer noch. Work-life-balance ist hier ein Fremdwort.

Seit Jahrtausenden wissen alle Landwirte, dass jeder Boden, der fruchtbar sein soll, Erholungszeit braucht. Sabbatjahre für Umwelt und Mensch sind naturgewollt. Für Jesus war das sonnenklar. Er hat klar gesagt, wenn es ihm zu viel wurde. In meinem Lieblingsmusical Jesus Christ Superstar gibt es hierzu eine überzeugend-beeindruckende Szene. Unzählige Kranke, Arme und Aussätzige bedrängen den Heiler Jesus. „Du kannst mich heilen, mein Portemonnaie füllen, mich wieder ganz machen." Es werden immer mehr

18 Die Generation Y umfasst die Jahrgänge 1980-1999.

Bittsteller. Diese Crowd ist zu viel für Jesus. Im englischen Original antwortet er deshalb: „Don't crowd me, don't push me; there are too many of you, there is too little of me; leave me alone!“[19], sinngemäß: „Bedrängt und schubst mich nicht, ihr seid zu viele, ich bin zu schwach, lasst mich allein!“

Die meisten Führungspersonen sind auch heute noch, wie in den vorhergehenden Generationen, über ein Acht-Stunden-Pensum hinaus tagtäglich gefordert. Mainstream und Lifestyle bestimmen zusätzlich noch die Freizeit. Job und Feierabend sind eng getaktet. Aber wofür und um welchen Preis? Dann, wenn die Erholung für Körper, Geist und Seele zu kurz kommt, die Kinder nur noch Onkel zum selten anwesenden Papa sagen, wird es zappenduster. Mir macht das Vorbild Jesu und die gesunde Balance zwischen Engagement und „Chillen“ einer neuen Führungsriege Hoffnung. Wieviel Sie als Führungskraft auch leisten, wie sehr Sie sich anstrengen, kein Unternehmen, kein Börsenindex, kein Produkt wächst in den Himmel. Der Himmel ist nur mit Ruhe und Besonnenheit zu erkennen. Das gilt aus meiner Sicht für Heaven, den Himmel Gottes also, und Sky, den Sonne-Wolken-Mix über uns.

Ruhe und Besonnenheit fliegen einem aber in der Regel nicht zu. Der Arbeitsalltag zerrt immens an Ihrer Kraft. Oft wirkt es so, dass jeder Hinz und Kunz etwas von Ihnen will. Papierkram, Entscheidungsdruck, eine Flut von E-Mails und Terminen und dazu noch soviel Ungeplantes

19 http://www.songlyrics.com/andr-previn-ted-neeley/the-temple-lyrics/

prasseln auf Sie ein. Zuviel ist zuviel. Jeder Akku ist einmal leer. Überforderung, Krankheit und Verlust der Lebenslust sind oft die leider unausweichliche Konsequenz. Auch wenn es keine medizinisch stringente Diagnose abbildet, Burnout ist dann in aller Munde und findet sich auf vielen „gelben Scheinen“. Manager, Mitarbeiter, selbst Privatiers erkranken an Burnout. Sie sind psychisch platt, ausgelaugt, fühlen sich wie ausgebrannt.

Eine moderne Therapie zur Prophylaxe, oft auch zur kurativen Behandlung, entspringt dem Verständnis der Resilienz. Ausgehend von den Beobachtungen der amerikanischen Psychologin Emmy Werner in den 1950er Jahren wurden immer mehr Resilienzfaktoren herausgearbeitet.[20] Resilienz, aus dem Lateinischen übersetzt, bedeutet so viel wie „Abprallen“. Gemeint sind Eigenschaften wie Widerstandsfähigkeit und Selbstregulation, um innerem und äußerem Druck standzuhalten.

Resiliente Menschen verfügen über echte Widerstandskraft, über eine Art lebensbejahende Positivenergie. Gefördert wird dies offensichtlich neben charakterlicher Prägung und Temperament durch stabile vertrauensvolle Beziehungen im Familien- und Freundeskreis. Jemanden zu haben, dem man vertrauensvoll sein Herz ausschütten kann, ist beinahe unbezahlbar. Sich selbst zu reflektieren, in sich hineinzuhören, dadurch Belastungsgrenzen zu erkennen und nicht zu überschreiten, ebnen den gesunden Weg. Jesus ist resilient. Seinen Umgang mit Stress, Kummer und

---

20 Eine gute Übersicht bietet das Handbuch Resilienzförderung von Margherita Zander, erschienen 2011.

enormen Herausforderungen des Alltags halte ich für absolut nachahmenswert. Die ständige Anwesenheit seiner Jünger, die vielen Hilfesuchenden, oft auch Tausende von Menschen, die seinen Predigten beiwohnen wollen, lassen kaum Freiräume und Ruhezonen zu. Wie bei modernen Führungskräften jagt auch bei ihm ein Termin den anderen, gibt es gefühlt immer jemanden, der etwas von ihm will.

Und trotzdem hat Jesus eine Aufladestation für seinen Energieakku gefunden, eine Art Resilienztankstelle. Seine größte Kraft schöpft Jesus im Gebet. Der Dialog mit seinem Vater ist seine Lebensquelle. Jesus benutzt mehrfach die Anrede *abba*, ein aramäisches Wort – und aramäisch war Jesu Muttersprache –, das mit „Papa" gut übersetzt werden kann. Vertraut und geborgen fühlt sich jemand, der diese Anrede benutzt. Dazu passt, dass die Evangelisten häufig beschreiben, wo Jesus am liebsten betet - allein, an einem einsamen Ort. Ruhe, weg von allen, ganz allein in der Natur. Wir kennen sogar zwei seiner Lieblingsplätze: den See Gennesaret in Galiläa und den Ölberg in Jerusalem. Dorthin zieht er sich zurück, betet, tankt auf. Wo befindet sich Ihre Tankstelle? Haben und nehmen Sie sich bei dem ganzen Arbeits- und Repräsentationspensum Zeit für sich? Gut ist, wenn Sie von vornherein Ruheinseln in Ihre Tages- und Wochenagenden miteinplanen. Ob durch Yoga, Sport, Powernapping oder meditatives Gebet, die Akkus müssen aufgeladen werden. Rekreation bedeutet im wörtlichen Sinne Neuschöpfung. Einmal am Tag sollte jedermann, nicht nur die Chefetage, sich wie neugeboren fühlen. Wellness für Körper, Geist und Seele ist lebens- und führungsnotwendig. So ist es nicht verwunderlich, dennoch bemerkenswert, dass die Zahl der auszeitsuchenden Manager, die sich zur Rekreationszeit in Klöster zurückziehen, stetig steigt. „Viele Manager zieht es für eine Auszeit seit neuestem ins Kloster. Die mittelalterlichen Refugien erfahren derzeit eine regelrechte Renaissance. Bereits mehr als 200 Einrichtungen öffnen allein in Deutschland gestressten Managern ihre Pforten zum Müßiggang, fangen die rastlosen Seelen auf. Urlaub ist das Klosterleben aber nicht. Kost und Logis sind einfach und zweckmäßig."[21]

Burnoutprophylaxen, Resilienzschulungen und Besinnungsaufenthalte haben zu Recht Konjunktur. Doch sie sind keine modernen Erfindungen, sondern eine Art Echo der Jesus-Methode. Für ihn war das zurückgezogene Beten an einsamen Orten offenbar seine ganzheitliche Auftankstation. Diese Art des Kraftschöpfens ist bis heute einhundertprozentig kostenfrei und niemals umsonst. Probieren Sie es aus!

21 https://kloster-auf-zeit.de/klosteraufenthalt/

Wissen to go

3 Zapfsäulen:

Resilienz – **B**urnout-**P**rophylaxe – **W**ork-**L**ife-Balance

15 Jesus, Buddha und Meister Yoda

Eine der verwirrendsten und gleichzeitig schönsten Szenen in den Evangelien ist für mich die Begegnung Jesu mit einer Ehebrecherin. Die Schuldige wird vom wütenden und richtenden Mob zur Steinigung geschleppt. Todesstrafe! Alles klar, kein Zweifel möglich. Ehebruch ist für gesetzestreue Juden zur Zeit Jesu ein Kapitalverbrechen. Aber diese Ehebrecherin soll noch für mehr hinhalten:

Nicht nur ein bestialisches, volksbefriedigendes Totwerfen mit Steinen steht an, auch Jesus könnte es an den Kragen gehen. Endlich können ihn die Schriftgelehrten und Pharisäer als Verbrecher, als Gesetzesbrecher überführen. Sie lassen ihm keine Wahl. Egal, wie er handelt, er wird sich für alle bezeugbar schuldig machen. Will er die Steinigung verhindern und aus Barmherzigkeit die Beschuldigte befreien, bricht er das mosaische Gesetz auf eklatante Weise: Schuldig. Lässt er die Steinigung zu, ist er ein Verräter seiner eigenen Botschaft von Vergebung, Liebe und Erbarmen. Das Volk, wahrscheinlich sogar einige seiner Jünger würden ihn als doppelzüngigen, falschen Propheten brandmarken. Also, eine klassische Pharisäer-Zwickmühle.

Doch jetzt geschieht das Unfassbare: Jesus hebelt die Zwickmühle aus.

„Sie stellten sie in die Mitte und sagten zu ihm: Meister[22], diese Frau wurde beim Ehebruch auf frischer Tat ertappt. Mose hat uns im Gesetz vorgeschrieben, solche Frauen zu steinigen. Nun was sagst du? Mit dieser Frage wollten sie ihn auf die Probe stellen, um einen Grund zu haben, ihn zu verklagen. Jesus aber bückte sich und schrieb mit dem Finger auf die Erde." (Joh 8,3b-6) Was tut Jesus da? Er bückt sich hinab, geht nicht in, sondern auf die Knie und schreibt, malt, kritzelt in den sandigen Boden. Wie ein kleiner Junge am Strand, wie ein unbeteiligter, gedankenverlorener Träumer, könnte man meinen. Pause, keine Antwort, eventuell Bedenkzeit. Auch von den Jüngern kommt keine Antwort. Mir erscheinen sie handlungsunfähig angesichts dieser verzwickt-bedrohlichen Lage. Sie stehen um ihre teilnahmslos wirkende Führungsperson gebannt herum. Die Schriftgelehrten und Pharisäer fragen hartnäckig weiter (vgl. Joh 8,7). Und dann: Wie aus dem Nichts richtet sich Jesus auf. Kein Angriff, keine Verteidigung, keine lange Predigt. Auch das Delegieren der Antwort an seine Jünger ist für Jesus ausgeschlossen. In dieser Situation kann ich kein untergeordnetes Gremium, keinen Presse- oder Regierungssprecher vorschieben. Ich selbst als Chef bin gefragt und zuständig. Im Sinne der Eisenhower-Methode[23] handelt es sich um eine Priorität 1-Heraus-

22 Der griechsche Originalbegriff Διδάσκαλε bedeutet Meister, Lehrer. Im pharisäischen Sinne ist wohl ‚Du selbsternannter Oberlehrer' gemeint.

23 Die Eisenhower-Methode ist ein gängiges Tool im Zeitmangement, wobei nach Art des ehemaligen US-amerikanischen Präsidenten Eisenhower die Dringlichkeit und Wichtigkeit von Aufgaben koordiniert eingeschätzt wird.

forderung. Jesus selbst also erwidert: „Wer von euch ohne Sünde ist, werfe als Erster einen Stein auf sie. Und er bückte sich wieder und schrieb mit dem Finger auf die Erde.“ (Joh 8,7b-8.) Schach matt! Nach und nach gehen alle fort. Zuerst die Presbyter, also die Ältesten, dann alle anderen, auch seine Jünger. Kein Gezeter, kein Aufschrei. Sie gehen offenbar wortlos weg. „Er richtete sich auf und sagte zu ihr: Frau, wo sind sie geblieben? Hat dich keiner verurteilt?“ (Joh 8,10) Das skurrile Szenario dieser Perikope setzt sich fort. War Jesus so abwesend ins Kritzeln vertieft, dass er das Sich-Auflösen der Menge nicht bemerkt hat? Sollen wir als Verantwortliche, als geforderte Führungskräfte in brenzligen Situationen ins Traumland abtauchen? Zweimal Nein. Jesus stellt die richtigen Fragen zur rechten Zeit. Hat die Frau selbst realisiert, was geschehen ist. Ist sie ansprechbar, von der Lynchpanik befreit. Nachdem Sie antwortet: „Keiner, Herr“, (Joh 8,11a) lässt Jesus sie frei. Frei von Fesseln, ohne Vorwürfe, befreit von ihrer Schuld darf sie gehen.

Was haben die Jünger gelernt? Welche Lektion erhalten wir als moderne Führungskräfte?

Keine Panik! Ein unaufgeregtes, besonnenes Analysieren der jeweiligen heiklen Situationen ist angeraten. Es lohnt sich sehr, Zwickmühlen zu erkennen und gelegentlich auch zu entlarven. Die Lehre könnte lauten: Drücke dich nicht vor deiner Verantwortung, aber nimm den Druck heraus. In einer aufgeheizten Atmosphäre nicht emotional die (Selbst-) Kontrolle zu verlieren zeichnet eine Premium-Führungsperson aus.

Allerdings: Sich auf den Fußboden zu knien und aufs Parkett zu kritzeln würde dem Beschwerdemanager, dem Bankvorstand oder der Bundeskanzlerin wahrscheinlich eher schaden. Ihre Zurechnungsfähigkeit würde wenigsten von den Norm- und Regelversessenen infrage gestellt. Zwei von mir praxiserprobte Methoden, die dem analytisch-besonnenen Vorgehen Jesu nahekommen, aber äußerlich weniger skurril ausfallen, möchte ich Ihnen wärmstens empfehlen:

Die Buddha-Strategie[24]

Wieder einmal merken Sie, dass Sie kurz davorstehen, sich richtig aufzuregen. Ihnen schwillt der Kamm, der Hals wird dick und dicker. Dummes, gar provozierendes Gerede Ihres Gegenübers bringt Sie aus der Fassung. Höchstwahrscheinlich werden Sie nicht als Διδάσκαλε, als meisterlicher Lehrer angesprochen. Aber Meister, im Sinne von Schlauberger oder „Sie da oben", Sie Politiker, Sie Schreibtischtäter, der das wahre Leben ja gar nicht kennt, wird vielen Menschen, die in der Öffentlichkeit stehen, nicht fremd sein. Wie kann Buddha dabei helfen, nicht die Fasson zu verlieren, gelassen und trotzdem zugewandt-aufmerksam zu bleiben?

Siddharta Gautama (geboren 563, gestorben 483 vor Christus) war von seiner frühesten Jugend an auf der Suche. Seine Mission galt der Überwindung des Leids, des Übels in der Welt. Im Alter von 35 Jahren fand er den

---

24 Die Grundidee stammt von Judith Wischhof, Besserwisser – 6 Strategien zum Umgang, Zeitzuleben.de. (vgl. Fußnote 25)

langersehnten Zugang. Unter einem Pappelfeigenbaum sitzend wurde er erleuchtet. So bekam er auch den Ehrentitel Buddha = der Erwachte, der Erleuchtete. Spätestens ab diesem Zeitpunkt war sein Verstand erwacht und seine Wahrnehmung erhellt. Er hatte einen Durchblick. Die vier edlen Wahrheiten und der zugehörige achtfache Pfad, die Buddha nun vor sich sah und lehrte, wurden für sehr viele Buddhisten zur Lebensanleitung. Gelassenheit, Wertschätzung gegenüber sämtlichen Leben und innere Ausgewogenheit sind die spür- und sichtbaren Eigenschaften des erwachten Siddhartas und seiner Anhänger. Ein Besserwisser, Quasselkopp oder Auf-den-Keks-Geher wird zwar als ein Solcher wahrgenommen, aber ohne inneres und äußeres Aus-der-Haut-fahren. Die Impulsgeberin der Buddhastrategie, Frau Wischhof, empfiehlt, um diesem Effekt, dieser ausgeglichenen Ruhe näherzukommen, folgende Techniken:

> Sie regt an ein Gelassenheitsritual zu entwickeln, z. B.
> „Zählen Sie rückwärts von 10 bis 0.
> Atmen Sie 5x tief durch.
> Und dann sagen Sie sich so etwas wie: ‚Ja, es ist gut, wie es ist. Keiner ist perfekt. Ich nicht und Sie/du auch nicht.‘
> Lassen Sie dem Besserwisser einfach seine Meinung, lächeln Sie in sich hinein und machen Sie bei dem weiter, was Sie vorher gemacht haben. Und wenn er nicht auf-

hört, verlassen Sie für einige Minuten den Raum und wechseln dann zu einem anderen Thema."[25]

Sehr gut finde ich, dass neben dem erwünschten Vorteil, nämlich ohne langwieriges Diskutieren, fast ohne Anstrengung, die eigene Ruhe wieder zu erlangen auch ein eindeutiger Nachteil formuliert wurde: „Sie müssen Ihren Ärger herunterschlucken, falls Sie denn welchen empfinden. Und dann besteht die Möglichkeit, dass Sie irgendwann platzen. Zudem hilft diese Methode eher nicht vorbeugend gegen neue Besserwisser-Attacken."[26] Magengeschwüre als Summe des Heruntergeschluckten, des nicht verdauten Ärgers wären die Folge.

Haben Sie schon einmal den aktuellen Dalai Lama beobachtet?[27]

Sein beinahe ständiges, oft kindlich wirkendes Lächeln lässt – zumindest für mich – seine entspannte, weise Grundhaltung durchscheinen.

Das nervige Gerede eines Streitsuchenden, die überzogen vorgebrachten Anklagen eines Beschwerdeführers oder das Sich-Blöd-Anstellen eines Mitarbeiters können eine Führungskraft mit dieser gelassenen Grundhaltung nicht fertigmachen. Es geht hier nicht um stumpfes Nachgeben. „Der Klügere gibt nach" würde nämlich in letzter Konsequenz den Dümmeren die Geschicke dieser Welt überlassen. Die Buddha-Strategie zielt vielmehr darauf ab, eine

---

25 http://www.zeitzuleben.de/ueber-den-umgang-mit-besserwissern/.

26 ebd.

27 Gemeint ist Tenzin Gyatso, der 14. Dalai Lama, geb. 6. Juli 1935.

beruhigte Analyse der jeweiligen Situation vorzunehmen. Worum geht es meinem Gegenüber genau? Wie platt, fertig oder überfordert ist er und wie ausgewogen und ausgleichend bin ich selbst?

Jesus, der malend im Sand kniet, hat die Hinterlist seiner Herausforderer, die Bedürftigkeit der Ehebrecherin und die Sprachlosigkeit seiner Jünger komplett richtig eingeschätzt. Nur mit der Ruhe, dem emotionalen Abstand zur brodelnden eskalierenden Situation, konnte er so famos die Steinigung der Frau verhindern. Die Buddha-Strategie verlangt genauso wie das Jesus-Konzept nach einem Sich-Heraus-Nehmen aus der Brisanz. Runterkommen – nachdenken – handeln, eine sehr lohnenswerte Devise für Führungspersonen.

George Lukas hat, unter anderem inspiriert vom Christentum und der buddhistischen Überlieferung, die Starwars-Saga geschaffen. Eine Figur dieses Epos, und zwar in einer ganz bestimmten Filmszene, hat das Potential, uns noch eine Dimension weiterzubringen. Obi Wan und Anakin Skywalker liegen ausgeknockt auf dem Boden einer Höhle. Ihr böser Widersacher ist Count Douku – glänzend gespielt vom verstorbenen Sir Christopher Lee. Auch Douku war einst ein Jedi-Ritter so wie Obi Wan und Anakin, wechselte aber auf die dunkle Seite der Macht. Aggressiv und hasserfüllt verfolgt er seinen Auftrag, die friedfertigen Jedi-Ritter zu vernichten. Um Angriffen dieser Art standzuhalten bedarf es mehr als des tiefen Ein- und Ausatmens oder des ruheschaffenden Rückwärtszählens. Auch Führungskräfte werden leider viel zu oft verbalaggressiv attackiert. Ein Darüber-hinweg-Hören ist praktisch unmöglich. Selbst körperliche Attacken, denken Sie an den kürzlich verstorbenen Altkanzler Helmut Kohl, als er am 10. Mai 1991 in Halle von Demonstranten mit Eiern beworfen wurde, sind Realität. Kohl ist damals wutentbrannt auf den Eierwerfer zugegangen, hat ihn angeschrien und geschüttelt. Die Personenschützer hatten sichtlich Mühe, Herrn Dr. Kohl zu stoppen.

Wie diszipliniert müssen Führungspersonen sein? Wann ist es genug? Meister Yoda, der Ober-Jedi, die Lichtgestalt der hellen, guten Seite der Macht, gibt hierauf eine Antwort. Er betritt die Höhle, in der seine Jedi-Brüder schwer verletzt liegen, und erkennt in dem Angreifer Count Douku sofort seinen einstigen Lehrling. In Starwars-Sprache seinen *Padawan*. Der Ex-Schüler greift umgehend seinen alten Lehrer an. Count Douku schleudert Energieblitze auf Yoda, die dieser nur mit Mühe parieren kann. Beim ersten Angriff lenkt er die tödliche Strahlung ab. Beim zweiten Angriff kontert er die Strahlen und schleudert sie direkt zu Douku zurück. Jetzt gerät der Aggressor selbst in Bedrängnis. Und dann geschieht das Faszinierende: Den dritten Angriff absorbiert Yoda. Die Energieblitze werden quasi von seiner Hand aufgesogen. Yoda formt sie zu einer Kugel, zu einer Art Schneeball aus tödlicher Materie und verwandelt diese in nichts. Die Energiekugel löst sich einfach spurlos auf. Der Angriff ist verpufft. Ein Gegenangriff, Kontern, eine Eskalation der Gewalt ist nicht mehr nötig. Nicht ausweichen, ducken oder weglaufen, sondern sich selbstbewusst dem Angriff zu stellen, kann die adäquate Reaktion sein. Aus intensiven Gesprächen mit namhaften Politikern weiß ich, wie massiv die Schutzbehörden wie z.B. das BKA ihre Sicherheitsstandards betreiben. Ständiger Personenschutz, beinahe festungsartig umgebaute Privathäuser der Politiker und ihrer Familien sind notwendige Folgen befürchteter bzw. tatsächlich geschehener Angriffe auf Leib und Leben. Bedauerlich, aber wahr. Bei Verbalattacken und aggressivem nonverbalen Verhalten kann die Yoda-Taktik immens helfen. Entweder Sie schaffen es, die kriegerische Rhetorik mit buddhistischer Gelassenheit zu überhören oder mit Meister Yodas Geschick zu Ihrem eigenen Schutz eine klare Botschaft zu senden: „Deine Energieblitze können mich nicht treffen. Ihr Lautwerden, das Anschreien, diese ablehnende Körperhaltung nehme ich wahr, aber sie ändern nichts an meiner Grundhaltung, meiner Meinung oder meiner Position." Nicht der Schreihals hat Recht. Argumente und Werte zählen.

Das Marshall-Konzept

Für diejenigen unter Ihnen, denen die Buddha-Yoda-Liaison zu mystisch ist, folgt noch ein weiterer handfester Praxistipp: Das Marshall-Konzept. Haben Sie auch als Kind Cowboy und Indianer gespielt? Oder sich im Karneval mit Sheriffstern und Hut verkleidet? Dann wissen Sie bestimmt, was ein Marshall ist. Seit der Zeit des Wilden Westens hat er die Funktion einer Art Obersheriff. Er ist ein von den Bundesbehörden eingesetzter Hüter des Friedens und der freiheitlichen Ordnung. Der Marshall, ebenso der Sheriff, sind Respektpersonen, die Gesetzesübertritte und Gewalt verhindern und ahnden sollen. Notfalls unter Einsatz von eigener Gewalt.

Hier kommt nun ein anderer Marshall ins Spiel. Der berühmte Begründer der gewaltfreien Kommunikation, Marshall B. Rosenberg[28]. Ein von Rosenberg entwickelter Vierklang ist der Schlüssel zum Erfolg.

1. Schildern Sie, was Sie wahrgenommen, beobachtet, bemerkt haben. = Beobachtung
2. Präzisieren Sie das Gefühl, das durch Ihre Beobachtung in Ihnen ausgelöst wurde. = Gefühl
3. Machen Sie deutlich, worum es Ihnen geht. Ihre Motivation, Ihre Absicht, Ihre Bedürfnisse sollen Sie an dieser Stelle auf den Punkt bringen. = Bedürfnis
4. Schließlich formulieren Sie einen klaren Appell, eine scharf konturierte Bitte. = Bitte

Ein Mitarbeiter, Kunde oder auch Ihr Chef unterbricht Sie mehrfach. Er fährt Ihnen über den Mund und lässt Ihnen somit keine Chance, Ihre Ideen oder Lösungsvorschläge für ein Problem anzubringen. Ganz nach der Marshall-Devise sollten Sie hier eine klare, aber gewaltfreie Kante zeigen à la: „Herr X, Sie haben mich in den letzten zwei Minuten viermal unterbrochen. Ich fühle mich nicht ernst genommen und abgewertet. Mein Ziel ist es, mit meiner Idee, meinem Vorschlag

28 Promovierter und sehr erfolgreicher US-amerikanischer Psychologe, gestorben 2015.

- Ihre gegenwärtige Arbeitssituation zu optimieren (Mitarbeiter)
- Ihre Kundenzufriedenheit wiederherzustellen (Kunde)
- Ihre Kritik in positive Handlungsoptionen zu transferieren (Chef).

Dazu möchte ich Ihnen jetzt meinen Vorschlag vorstellen. Bitte hören Sie mir aufmerksam zu."

Ich habe diesen Vierklang schon vielen Klienten erfolgreich vermittelt. Diese Form der gewaltfreien Kommunikation funktioniert nicht nur in den Chefetagen. Auch zuhause, in der Partnerschaft kann sie viele Auseinandersetzungen befrieden. Probieren Sie es aus.

Essential: Ärger herunterzuschlucken bringt uns nicht weiter. Besser nehmen wir Vorwürfe und nerviges Gerede in gewisser Weise ernst, aber nicht an. Alternativ zeigen wir dem Aggressor Grenzen auf, parieren die Angriffe und entschärfen letztlich die brenzligen Situationen.

Jesus, Buddha und auch die Filmfigur Meister Yoda spielen keine Rollen. Sie leben ihre Überzeugungen und überzeugen mit ihrer jeweiligen Außergewöhnlichkeit. Kniend in den Sand zu kritzeln, entwaffnende Wahrheiten auf den Punkt zu bringen, gütig und gelassen Nervigem und Leidvollem zu begegnen, negative Energien schadlos zu absorbieren, sind derart herausragende Eigenschaften, dass sie es verdient haben, in den Verhaltenskodex für Führungspersonen aufgenommen zu werden. Führungskompetenz fällt nicht vom Himmel. Aber derselbe hat uns viel vorbildhaftes Anschauungsmaterial geboten.

Wissen to go

Bleiben oder werden Sie cool mit der Buddha-Strategie.
Kommunizieren Sie höchstdiplomatisch mit dem Marshall-Konzept.
Verkörpern Sie die Souveränität von Jesus und Meister Yoda.
Dann ist Führungsarbeit auch in Extremsituationen beinahe ein Vergnügen.

16. Rabbuni!

Dieses wundervolle Wort hat mich gepackt. Maria Magdalena spricht es voll Liebe am Ostermorgen aus. Sie war die Vertraute Jesu. Beide – so wirken sämtliche biblischen Belegstellen – müssen sich sehr gern gehabt haben. Und dann das Entsetzliche. Ihr Jesus ist tot. Begraben in einer Felsenhöhle. Voller Trauer geht sie am Ostermorgen zum Grab und findet den schweren Verschlussstein weggeschoben. Noch schlimmer, das Grab ist leer. Zurück geblieben sind nur die Leinenbinden, mit denen der Leichnam Jesu umwickelt war. Das hat Maria äußerst schwer zugesetzt. Zunächst holt sie Hilfe. Sie läuft so schnell sie kann zu Jesu Hauptjüngern, also zu Petrus, der quasi sein Teamsprecher war, und zu Johannes, dem Jünger, den – so heißt es wortwörtlich im Evangelium – Jesus liebte (vgl. Joh 20,2). Die beiden eilen mit Maria zum Grab und finden alles so vor, wie sie es beschrieben hat. Nacheinander gehen die Männer in die leere Grabhöhle. Maria aber bleibt vor dem Eingang stehen. Sie weint und schaut vorsichtig hinein. Die nun folgende Szene gehört literarisch und theologisch zu den größten Schätzen des Christentums und wird daher an dieser Stelle komplett zitiert. „Da sah sie zwei Engel in weißen Gewändern sitzen, den einen dort, wo der Kopf, den anderen dort, wo die Füße des Leichnams Jesu gelegen hatten. Die Engel sagten zu ihr: Frau, warum weinst du? Sie antwortete ihnen: Man hat meinen Herrn weggenommen, und ich weiß nicht, wohin man ihn gelegt hat. Als sie das gesagt hatte, wandte sie sich um und sah Jesus dastehen, wusste aber nicht, dass es Jesus war. Jesus sagte zu ihr: Frau, warum weinst du? Wen suchst du? Sie meinte, es sei der Gärtner, und sagte zu ihm: Herr, wenn du ihn weggebracht hast, sag mir, wohin du ihn gelegt hast. Dann will ich ihn holen." (Joh 20,12-15) Was für eine taffe Frau. Sie setzt sich ein und würde alle Hebel in Bewegung setzen, um Jesu sterbliche Überreste zurückzuholen.

Maria begegnet uns hier als mutige und sehr praktische Frau. Sie bräuchte keinen Krisenstab einzuberufen, keine Petitionen zu verfassen. Sie würde einfach losgehen, wahrscheinlich einige Jünger mobilmachen, und den Leichnam holen. Aber es kommt ganz anders. Maria besitzt noch eine viel größere Stärke als ihre entschlossene zupackende Art. Sie hat ein tiefes Gespür für das Wesentliche; eine Kombination aus weiblicher Intuition und Herzenswärme. Nur so lässt sich erklären, wie sie die unglaublich erscheinende Realität erkennen kann. Der Mann, den sie für den Gärtner hält, sagt zu ihr nur ein einziges Wort und sie begreift. „Maria! Da wandte sie sich ihm zu und sagte auf Hebräisch zu ihm: Rabbuni!, das heißt Meister." (Joh 20,16)

Nicht den Hauptjüngern, also den Männern, offenbart sich Jesus, der den Tod und das Grab überwunden hat, sondern einer Frau. Warum? Warum einer Frau, die im damaligen kulturellen Verständnis eine dem Mann untergeordnete Rolle spielen musste? Es besteht kein Zweifel, Jesus konnte gut mit Frauen. Er hat die Vorzüge und Stärken der weiblichen Denk- und Lebensweise verstanden und geschätzt.

Die Evangelisten berichten an vielen Stellen von seinen weiblichen Jüngern. Lukas erwähnt Johanna und Susanna (vgl Lk 8,3). Markus berichtet von Salome und einer weiteren Maria (vgl. Mk 15,40). Maria von Magdala ist bei allen Evangelisten dabei. Auf Maria ist Verlass. Sie wird zur Botin der christlichen Glaubensbotschaft schlechthin.

Ob Jesus ein Frauenversteher war, entzieht sich meiner Kenntnis, zumal der Begriff sehr interpretationsbedürftig ist. Sehr vieles spricht dafür, dass Jesus weibliche Intuition, Herzenswärme und gleichzeitig eine taffe Lebenspraxis geschätzt hat. Frauen, die mit diesen Eigenschaften gesegnet sind, sind von Natur aus herausragende Führungspersonen. Bundeskanzlerin Angela Merkel, die ehemalige eiserne Lady Margaret Thatcher, auch Hillary Clinton – die zweite Siegerin im US-Präsidentschaftswahlkampf – sind bzw. waren beeindruckende Führungskräfte. Allerdings – so ist mein Eindruck – haben sie, zumindest bezogen auf ihr öffentliches Auftreten, viele maskulin präsidiale Züge. Alle drei sind bzw. waren auch Herrscherinnen mit einer Betonung der ersten Wortsilbe. Maria von Magdala war anders: Sie ist bzw. wirkt eher weich, sogar verletzlich. Sie steht ihre Frau und lässt gleichzeitig Nähe, Emotionalität und Beziehungswärme zu.

Ohne Maria und die anderen Jüngerinnen wäre Jesu Botschaft und sein Wirken viel blasser gewesen. Echte Frauenpower eben. Eine Szene aus dem weltberühmten Musical Jesus Christ Superstar verdeutlicht Marias herausragende Rolle. Sie beruhigt und pflegt den abgekämpften, ausgelaugten Jesus. Als einzige hat sie kapiert, was Jesus braucht. Sein emotionaler Akku wird aufgeladen. Ein Wellnessprogramm vor 2000 Jahren. Für die Massage mit kostbarem Öl wird sie umgehend vom Kassenwart Judas gescholten. Aber Jesus verteidigt Maria und ihre Handlung.[29]

Frauen waren nie das schwache Geschlecht. Nur manche männlich dominierte Kulturen haben diesen Irrweg beschritten. Jesus begegnet den Frauen auf Augenhöhe. Sie sind ganz ohne Quotenregelung weitestgehend gleichberechtigte Gefolgsleute. Wenn die Kirche dies nicht langsam begreift, wird sie ihre Daseinsvielfalt und letztlich ihre Existenz aufs Spiel setzen. Gerade die christlichen Organisationen und Institutionen sollten Frauen in Führungspositionen uneingeschränkt fördern. Papst Franziskus sieht dies offenbar genauso. Auf die folgenden in einem Interview gestellten Fragen antwortet der Pontifex mit einer lebensnahen und führungserprobten Klarheit:

„Was muss die Rolle der Frau in der Kirche sein? Was ist zu tun, damit sie heute in der Kirche sichtbarer wird?“

„Die Räume für eine wirkungsvollere weibliche Präsenz in der Kirche müssen weiter werden. Ich fürchte mich aber vor einem ‚Machismo im Rock‘, denn Frauen sind anders strukturiert als Männer. Die Reden, die ich über die Rolle der Frau in der Kirche höre, sind oft von einer Männlichkeitsideologie inspiriert. Die Frauen stellen tiefe Fragen, denen wir uns stellen müssen. Die Kirche kann nicht sie selbst sein ohne Frauen und deren Rolle. Die Frau ist für

29 Vgl. „Everything ist alright“ aus Jesus Christ Superstar

die Kirche unabdingbar. Maria – eine Frau – ist wichtiger als die Bischöfe. Ich sage das, denn man darf Funktion und Würde nicht verwechseln. Man muss daher die Vorstellung der Frau in der Kirche vertiefen. Man muss noch mehr über eine gründliche Theologie der Frau arbeiten. Nur wenn man diesen Weg geht, kann man besser über die Funktion der Frau im Inneren der Kirche nachdenken. Der weibliche Genius ist nötig an den Stellen, wo wichtige Entscheidungen getroffen werden. Die Herausforderung heute ist: reflektieren über den spezifischen Platz der Frau gerade auch dort, wo in den verschiedenen Bereichen der Kirche Autorität ausgeübt wird."[30]

Gerade auch außerhalb kirchlicher Strukturen habe ich mehrere Klientinnen vor Augen, die als Abteilungs-, Dienststellenleitung oder als Geschäftsführerinnen sehr erfolgreich führen. Sie alle folgen dem gleichen Erfolgsrezept: Authentisches Auftreten, weibliches Einfühlungsvermögen, gekoppelt mit fachlicher Kompetenz. Kurzum: Fraulich, stimmig, gut. Eine Bürgermeisterin, eine Polizeipräsidentin und eine Chefärztin haben mir jede für sich eindrucksvoll beschrieben, wie oft sie auf ihrem Karriereweg Frauendiskriminierung erfahren haben. Die Genderinitiative bemüht sich nach Kräften, die Gleichrangigkeit der Geschlechter alltagsspürbar zu arrangieren. Jesus hat dies elegant vorgemacht. Wir begegnen keinem Geschlecht, sondern immer einer Person. In dem Moment, wo es keinen Geschlechterkampf mehr gibt, wo Anderssein

30 http://www.stimmen-der-zeit.de/zeitschrift/online_exklusiv/details_html?k_beitrag=3906433

eine Bereicherung ist, funktioniert Diversity Management. Frauen in Führungspositionen sind ein unternehmerischer Erfolgsfaktor. Wenn Sie eine männliche Führungsperson sind, begegnen Sie bitte Ihren Mitarbeiterinnen und Kolleginnen auf Augenhöhe und lassen den Macho in der Garage. Für Frauen in Führungspositionen gilt: Vermeiden Sie unbedingt Zickenkriege und Harmoniesucht. Ihre Stärke ist die Konzilianz.

Wissen to go

Führungsstärke ist weiblich. Intuition, Einsatzfreude und Rationalität zusammen zeichnen eine gute Chefin aus. Sämtliche Despoten und Diktatoren unserer aktuellen Welt sind Männer, besser männliche Schwachköpfe. Weibliche Konzilianz darf in keiner Führungsetage und keiner Regierung fehlen.

17. Führen im 4/4-Takt

Führungsstile im klassischen Sinne sind eher out. Probate Führungsinstrumente, quasi die Führungswerkzeuge der Profis, sind in. In vielen Führungskräfte- und Managerseminaren bediene ich mich einer anschaulich-spannenden Quadriga aus den 1970er Jahren. Der amerikanische Psychoanalytiker und Anthropologe Michael Maccoby[31] beschreibt vier unterschiedliche Mitarbeitertypen, die nach meiner Erfahrung tatsächlich in fast allen Abteilungen oder Firmen vorkommen.

Typ 1: Der so genannte Dschungelkämpfer ist der krasseste Mitarbeiter

Er ist in seiner extremsten Ausführung ein echter Bombenleger. Gerne legt er Fehler und Schwächen seiner Kollegen offen, schleimt sich ein oder geht in offene Konfrontation mit seinen Vorgesetzten. Er entwickelt selbstherrliche Tendenzen und ist ein echter Intrigant. Viele dieser beschriebenen Attribute passen aus meiner Sicht auf Judas Ischariot. Er ist nicht nur der Verräter Jesu, sondern durchgängig auf Kontra eingestellt.

---

31 Maccoby, Michael: Gewinner um jeden Preis – Der neue Führungstyp in den Großunternehmen der Zukunftstechnologie, Reinbek bei Hamburg 1977. In einer modernen und gut lesbaren Fassung auch bei Hesse/Schrader zu finden. [https://www.berufsstrategie.de/bewerbung-karriere-soft-skills/mitarbeiter.php]

In der Verräterszene im Garten Gethsemane bedient sich dieser Judas einer List in echter Dschungelkämpfer-Manier. Wie ein Freund schleicht er sich an und markiert Jesus wie eine Zielscheibe für die heranrückenden Soldaten mit einem Kuss. „Der, den ich küssen werde, der ist es; nehmt ihn fest." (Mt 26,48b)

Ich wünsche niemandem von Ihnen, einen solchen Typen im Team oder in Ihrem Unternehmen zu haben. Sollte es doch so sein, empfehle ich hier analog zu den oben erwähnten Autoren das *Telling* als Führungsinstrument. To tell – klare Ansagen machen, präzise, selbstbewusst und auf den Punkt gebracht anweisen, was Sie von Ihrem Mitarbeiter erwarten. Sie müssen ihn an die kurze Leine nehmen, um wenigstens die Chance zu haben, sein team- und erfolgzerstörendes Verhalten zu unterbinden. Gucken Sie weg, legt er neue Bomben. Der gemäßigte Dschungelkämpfer kann durch das Telling in die richtige Spur gebracht werden, sein Eifer, seine Einsatzbereitschaft sind nämlich in der Tat kaum zu überbieten. Klar definierte, vielleicht auch etwas waghalsige Aufträge, durch Sie selbst kleinteilig und korrigierend beobachtet, wird keiner besser erledigen als der „Rambo", den Sie für sich gewinnen konnten. Im Extremfall – wenn das Telling nicht ausreicht - heißt es, sich vom Dschungelkämpfer dauerhaft zu trennen. Beim letzten Abendmahl mit allen Jüngern und Freundinnen hat Jesus so gehandelt. Knallhart hat er Judas in seine Schranken gewiesen und buchstäblich weggejagt. Eindrucksvoll wiedergegeben im Dialoggesang aus Jesus Christ Superstar:

Judas wurde soeben beim letzten Abendmahl als Verräter identifiziert. Jesus sagt klar, dass einer seiner zwölf ihn ausliefern werde. Der „Bombenleger“ Judas reagiert wie der archetypische Dschungelkämpfer und Jesus offenbart sein Telling-Talent:

„*Judas:*
Lass doch das Theater – du weißt ganz genau wer
Jesus:
Warum gehst du jetzt nicht?
Judas:
Sag doch, dass ich gehn soll!
Jesus:
Mach schon, die warten
Judas:
Du weißt nicht, warum ich's tu.
Jesus:
Das ist mir egal, warum!
Judas:
Dich hab ich bewundert
Wie ich dich verachte!
Jesus:
Du Lügner – du Judas!
Judas:
Du willst, dass ich gehe!
Was, wenn ich hierbleibe
Und du als Lügner dastehst?
Ja, du verdienst es!

Jesus:
Geh doch, du Narr, und gehe gleich
Lass deine Sprüche – es widert mich an – Geh!“[32]

Und Judas geht, er flieht regelrecht.

Hier zeigt sich die Härte eines Level-5-Managers in ungeschminkter Form.

Typ 2: Der Integrator ist der Inbegriff von ‚Herz am Arbeitsplatz‘

Genau so engagiert, stimmungs- und situationsaufsaugend wie ein Dschungelkämpfer sein kann, ist auch dieser zweite Typ der Quadriga. Ganz anders aber als der Dschungelkämpfer ist der so genannte Integrator nicht egozentrisch und auf einem Zerstörungstrip. Er ist harmoniebedürftig, manchmal leider auch -süchtig, um das Wohl der ganzen Mannschaft besorgt. Er hasst Konflikte, sucht die emotionale und körperliche Nähe zu den Kollegen und Vorgesetzten. Für ein gesundes Betriebsklima halst er sich viel zu viel Arbeit auf und wird gerne einmal von Führungskräften oder Kollegen ausgenutzt. Einspringen am Wochenende, ungeplante Überstunden füllen sein Arbeitskonto. „Frag doch einfach die Claudia oder den Marcel, die helfen doch immer“, sind signifikante Warnsätze für aufmerksame Führungspersonen. Die Gefahr der Überforderung des Integrators im Team ist nämlich enorm. Dazu kommt: Wenn Sie hier im Sinne eines Tellings klare Grenzen aufzeigen wür-

32 http://lyricattack.com/j/jesuschristsuperstarlyrics/dasletzteabendmahllyrics.html

den, z.B. „Claudia/Marcel, du hast jetzt zu viele Überstunden, ich erwarte von dir diese schnellstmöglich abzufeiern", würde das bestenfalls als persönliche Kritik, schlimmstenfalls als tiefste Kränkung aufgenommen werden.

Das für einen Integrator angemessene Führungsinstrument ist das *Selling*. To sell – verkaufen, vom Vorteil einer Verhaltensweise überzeugen. Der Integrator braucht immer ein paar Streicheleinheiten, ein leichtes Bauchpinseln, um sich auf Ihre Veränderungsvorschläge, Ihre Anforderungen einlassen zu können. „Claudia/Marcel, du hast in den letzten Wochen wirklich viel für uns alle hier geleistet, ich bin froh, in dir einen verlässlichen und richtig engagierten Mitarbeiter zu haben. Damit wir weiterhin so gut zusammenarbeiten können und gleichzeitig der notwendige Abbau deiner Überstunden starten kann, gebe ich dir in der nächsten Woche zwei Tage frei. Nutz' bitte die Zeit für deine Entspannung und gönn' dir den Ausgleich, du hast ihn wirklich verdient." So in etwa kann das Selling die gewünschten Ergebnisse bringen. Jesus hat auch diese Form der Ansprache, dieses Zugangs pfiffig eingesetzt. Gehen Sie in Gedanken einmal mit: „Am gleichen Tag waren zwei von den Jüngern auf dem Weg in ein Dorf namens Emmaus, das sechzig Stadien [das entspricht etwa 11 km] von Jerusalem entfernt ist. Sie sprachen miteinander über all das, was sich ereignet hatte." (Lk 24,13f.) Was genau war geschehen? Jesus ist tot, Frauen, die an seinem Grab waren, berichten, dass sein Leichnam verschwunden sei. Die beiden Emmaus-Jünger sind verwirrt, traurig und rastlos unterwegs. „Während sie redeten und ihre Gedanken austauschten, kam Jesus hinzu und ging mit ihnen. Doch sie waren wie mit Blindheit geschlagen, so dass sie ihn nicht erkannten. Er fragte sie: Was sind das für Dinge, über die ihr auf dem Weg miteinander redet? Da blieben sie traurig stehen und der eine von ihnen – er hieß Kleopas – antwortete ihm: Bist du so fremd in Jerusalem, dass du als einziger nicht weißt, was in diesen Tagen dort geschehen ist?" (Lk 24,15-18)

„Natürlich weiß ich, was in Jerusalem geschehen ist, denn mich haben sie gekreuzigt, ich bin Jesus. Habt ihr denn Tomaten auf den Augen? Hört auf zu flennen, reißt euch gefälligst zusammen!" Hätte Jesus so reagiert, wäre das grottenschlecht gewesen. Seine biblisch überlieferte Reaktion ist brillant. Er vergewissert sich, was im Detail sie so traurig macht. Dann befiehlt er nicht, klagt nicht an, sondern überzeugt die beiden, eine neue Sichtweise einzunehmen. Das ist Selling pur. „Er fragte sie: Was denn? Sie antworteten ihm: Das mit Jesus aus Nazaret. Er war ein Prophet, mächtig in Wort und Tat, vor Gott und dem ganzen Volk. Doch unsere Hohenpriester und Führer haben ihn zum Tod verurteilen und ans Kreuz schlagen lassen. Wir aber hatten gehofft, dass er der sei, der Israel erlösen werde. Und dazu ist heute schon der dritte Tag, seitdem das alles geschehen ist." (Lk 24,19-21) Zudem sind die Jünger, wie sie im Weiteren selbst sagen, verwirrt durch die Geschichte vom leeren Grab, die einige Frauen aus ihrem Kreis erzählt hatten. „Da sagte er zu ihnen: Begreift ihr denn nicht? Wie schwer fällt es euch, alles zu glauben, was die Propheten gesagt haben? Musste nicht der Messias all das erleiden, um so in seine Herrlichkeit zu gelangen? Und er legte ihnen dar, ausgehend von Mose und allen Propheten, was in der gesamten Schrift über ihn geschrieben steht.“ (Lk 24,25-27)

Der unerkannte Jesus hat sie überzeugt. Genial bringt er daraufhin die beiden Emmaus-Jünger sogar noch eine Erkenntnisstufe höher. „So erreichten sie das Dorf, zu dem sie unterwegs waren. Jesus tat, als wolle er weitergehen, aber sie drängten ihn und sagten: Bleib doch bei uns; denn es wird bald Abend, der Tag hat sich schon geneigt. Da ging er mit hinein, um bei ihnen zu bleiben.“ (Lk 24,28-29) Nicht der Meister drängt sich oder seine Botschaft auf, die Lehrlinge selbst bitten um seine Nähe und Hilfe. Diese kraftvolle Hilfe bekommen sie dann auch. Jesus gibt sich Ihnen eindeutig zu erkennen, indem er wie vor dem Karfreitagsgeschehen das Brot für sie bricht. Traurigkeit, Rat- und Mutlosigkeit verwandeln sich in pure positive Energie. „Noch in derselben Stunde brachen sie [die beiden Jünger] auf und kehrten nach Jerusalem zurück und sie fanden die Elf und die anderen Jünger versammelt.“ (Lk 24,33)

Mit der Kraft des Sellings lassen sich eingefahrene Gedanken- und Verhaltensweisen Ihrer Mitarbeiter schonend verwandeln. Einsicht und Umkehr sind Ihr Ertrag.

Typ 3: Der Fachmann ist schlau und distanziert

Das dritte Führungsinstrument, das *Delegating*, eignet sich hervorragend beim sogenannten Fachmann. Er hat großes Verantwortungsbewusstsein, ist zuverlässig und auf Karriere aus. Trotz einiger Schwächen, z.B. ist er selten ein Teamplayer, mehr ein Eigentüftler, und nur sehr bedingt kritikfähig, ist er wertvoll als Mitarbeiter. Nähe aufzubauen zu Ihnen oder den Arbeitskollegen liegt ihm meistens gar nicht. Seine sachlich-distanzierte Art gefällt auch nicht jedem. Dennoch können Sie ihn gut und verantwortungsvoll einsetzen. Es bietet sich an, ihm eigenständige Entscheidungen zuzutrauen und auch die Umsetzung in die Praxis in seine Hände zu geben. Dies sind die Grundideen des klassischen Delegierens. Beim Delegieren kommt es auf mehrere existenzielle Komponenten an, damit es nicht zu einem bloßen Arbeit-Wegdrücken oder Verantwortung-Loswerden-Wollen verkümmert.

Jesus war ein Meister des delegere – des Entsendens. Nicht nur seine zwölf Jünger, sondern nach biblischen Berichten 72 immer in Zweierteams auftretende Fachleute hat er entsandt. Der Entsendungsgedanke gekoppelt mit dem missionarischen Auftrag hat daher auch den 72 und insbesondere den Zwölf ihren weltbekannten Titel eingebracht: Als Gesandte, als Apostel, sind sie in die Geschichte eingegangen. Weitere Details zum Delegieren sind im Kapitel „Gehet hinaus in alle Welt“ beschrieben.

Typ 4: Der Spielmacher ist ein kreativer Zocker

Dieser letzte unserer vier Mitarbeiter-Typen hat viele Gesichter. Er ist kreativ, flexibel, risikobereit und ziemlich cool. Regeln, Prinzipien, Langsamkeit und fehlende Entscheidungsfreude gehen für ihn gar nicht. Er hat immer mehrere Eisen im Feuer, kommt manchmal als echter Zocker herüber und verdient den Namen „der Spielmacher“. Beständigkeit und Kontinuität sind bei ihm nur selten anzutreffen, daher ist ein Delegating kaum möglich. Das angemessene Führungsinstrument heißt hier *Participating*, also teilhaben lassen. Beteiligen Sie den Spielmacher an Entscheidungen. Nehmen Sie seine Kreativität und Inspiration in Zukunftswerkstätten und Problemlösungsverfahren auf jeden Fall mit hinein. Nur, lassen Sie sich das Heft nicht aus der Hand nehmen. Er ist zwar der Spielmacher, eine Art Mittelfeldregisseur im Fußball – so wie der legendäre Günter Netzer, der sich in seinem letzten Spiel für Mönchengladbach selbst eingewechselt hat und damit seinen Trainer Hennes Weisweiler trotz seines Traumtores düpiert hat – aber Sie sind der Teamchef. Auf dem Berg Tabor, dem Berg der Verklärung in Israel, hat Jesus dieses Participating gekonnt angewandt. Petrus, Jakobus und Johannes – der „Inner Circle" seiner Jünger – begleiten ihn auf diesen Berg. Vor ihren Augen wird ihr Meister verwandelt, in hell gleißendes Licht getaucht. Mose sowie Elia, die beiden großen alttestamentlichen Propheten erscheinen ebenfalls als verklärte Lichtgestalten am selben Ort. Jetzt ist Petrus, der Spielmacher, in seinem Element. Er möchte drei Hütten bauen, um diese drei Lichtgestalten beherbergen zu können. Eine kreative Idee, viel Aktionismus, doch ohne Plan, ohne Hand und Fuß in der baulichen Ausführung. Jesus geht trotzdem geschickt, eben beteiligend, auf seinen Mannschaftskapitän Petrus ein. Er erteilt keinen meisterlichen Rüffel für diese Schnapsidee. Jesus lässt die Szene zu, ohne Petrus und die anderen beiden aus dem Blick zu verlieren. „Noch während er [gemeint ist Petrus mit seinem Bauvorschlag] redete, warf eine leuchtende Wolke ihren Schatten auf sie und aus der Wolke rief eine

Stimme: Das ist mein geliebter Sohn, an dem ich Gefallen gefunden habe; auf ihn sollt ihr hören. Als die Jünger das hörten, bekamen sie große Angst und warfen sich mit dem Gesicht zu Boden. Da trat Jesus zu ihnen, fasste sie an und sagte: Steht auf, habt keine Angst!“ (Mt 17,5-7)

Nachdem sie sich beruhigt hatten, stieg Jesus mit ihnen vom Berg herab und machte sie zu Geheimnisträgern, indem er sagte: „Erzählt niemand von dem, was ihr gesehen habt, bis der Menschensohn von den Toten auferstanden ist.“ (Mt 17,9b) Das ist Participating auf höchster Geheimhaltungsstufe.

Jeder Mitarbeiter, jeder Jünger ist anders. Die vier skizzierten Typen kommen durchaus nicht immer in Reinform vor. Wenn Sie als kompetente Führungskraft entsprechend alle vier Führungsinstrumente beherrschen, sind Sie Dame oder Herr der Lage. Diese Instrumente – virtuos eingesetzt – werden einen Wohlklang in Ihrem ganzen Unternehmen erzeugen: gelingende Führung im 4/4 Takt.

Der Glücksklee für Führungskräfte

18. Die Sprache Jesu

Es folgt kein Grundkurs in Aramäisch, der Muttersprache Jesu.

Anschaulich, präzise und verständlich, so kommunizieren erfolgreiche Führungskräfte. Leichter gesagt als getan. Als Kommunikationstrainer kenne ich zahlreiche Modelle und Ratschläge für gelingende Gesprächsführungen. Meine Favoriten sind die folgenden sieben Tipps. Sie stammen nicht von Jesus, aber manchmal wirkt es so, als habe er sie schon gekannt. Beherrscht hat er sie auf jeden Fall.

1) Sei echt → Dein Ja sei ein Ja. Dein Nein sei ein Nein. Schwüre, Eide oder Ehrenwörter haben in der Kommunikation Jesu keinen Platz (vgl. Mt 5,33-37). Wenn Sie Wasser predigen und Wein trinken, ist ihr Vorbildcharakter dahin. Wenn Sie wahrhaftig sind und reden, kommen Sie ohne Täuschungen und Beschwörungen aus. Das bedeutet nicht, immer und überall die komplette Wahrheit sagen zu müssen. Eine von mir ausgebildete Managerin, Iris, hat den Unterschied zwischen Wahrheit und Wahrhaftigkeit existenziell erlebt: Sie hatte Germanistik studiert, früh geheiratet und da ihr Mann als Lehrer eine sichere Stelle hatte, sich vor allem ehrenamtlich engagiert. Mit einer schlimmen Erkrankung ihres Partners, die zu seiner Erblindung führte, änderte sich ihr Leben schlagartig. Jetzt musste sie Geld verdienen. Daher qualifizierte sie sich

zur Sozial- und Qualitätsmanagerin. Unter anderem mit meiner Hilfe bekam sie mehrere Dozentenaufträge und schilderte mir bei unserem späteren Wiedersehen folgende Situation: Ihr Mann war mal wieder zu einer Routine-Behandlung der Augen im Krankenhaus, sie selbst auf dem Rückweg von einem Seminar auf der Autobahn, als ihr Handy klingelte. Der Chefarzt der Klinik, in der ihr Mann gerade behandelt wurde, rief an und fragte, wo sie sich gerade befände. „Ich bin gerade auf der A 43, komme aus Münster und fahre in Richtung Bochum nach Hause." „Okay", sagte der Chefarzt, „dann fahren Sie einmal rechts 'ran." Iris erklärte daraufhin, „Ich stehe jetzt auf dem Standstreifen der A 43." „Das ist gut", antwortete der Mediziner, „Sie müssen sofort kommen, Ihr Mann ist tot." Diese Nachricht war wahr, aber der Umgang mit dieser Wahrheit war verantwortungslos. Iris hat sehr darunter gelitten und brauchte lange zur Verarbeitung der Gesamtsituation. „Bitte kommen Sie, bevor Sie nach Hause fahren, noch eben in die Klinik", wäre die verantwortungsbewusstere Botschaft gewesen. Wahrhaftig bedeutet: Das, was ich sage, ist wahr und diese Wahrheit kann ich guten Gewissens dem Empfänger zumuten. Würde immer die reine komplette Wahrheit zählen, gäbe es beispielsweise niemals einen hilfreichen Placebo-Effekt. Jesus selbst hat seine Jünger ebenfalls nicht überfordert mit der Wahrheit. Alles, was er über seinen Tod im Vorfeld erklärt hat, war wahr, hätte er jede Grausamkeit dieser Kreuzigung beschrieben, wären die Jünger garantiert zusammengebrochen (vgl. Mt 17,22-23). Stimmig und echt zu sein, verschafft Anerkennung und Respekt von vielen Seiten. Verantwortlich und verlässlich mit der Wahrheit umzugehen, ist die Kardinaltugend werteorientierter Führungspersonen.

2) Sprich anschaulich und kompetent → Stichwort Gleichnisse. Jesus wählt wunderschöne, ausdrucksstarke Bilder und Vergleiche, um unter anderem das Reich Gottes vorstellbar zu machen. So vergleicht er das Himmelreich mit einem Sämann, mit einem Senfkorn, mit Sauerteig, mit einem Fischernetz und mit einem Schatz, der im Acker vergraben war (vgl. Mt 13). Zudem ist der Meister in seinem Metier sehr bewandert. Er beherrscht die Thora, kennt die religiösen Vorschriften und Gepflogenheiten und vermag sie sinnvoll, menschlich und gewinnbringend auszulegen. „An einem Sabbat ging er durch die Kornfelder und unterwegs rissen seine Jünger Ähren ab. Da sagten die Pharisäer zu ihm: Sieh dir an, was sie tun! Das ist doch am Sabbat verboten. Er antwortete: Habt ihr nie gelesen, was David getan hat, als er und seine Begleiter hungrig waren und nichts zu essen hatten – wie er zur Zeit des Hohenpriesters Abjatar in das Haus Gottes ging und die heiligen Brote aß, die außer den Priestern niemand essen darf, und auch seinen Begleitern davon gab? Und Jesus fügte hinzu: Der Sabbat ist für den Menschen da, nicht der Mensch für den Sabbat. Deshalb ist der Menschensohn Herr auch über den Sabbat." (Mk 2,23-28) Dagegen konnten die Pharisäer nichts mehr sagen.

Wenn es Ihnen gelingt, Ihre Mitarbeiter und Kunden nicht zu bequatschen, sondern anschaulich-einprägsam und sachlich-nachvollziehbar Ihr Anliegen zu erläutern, dann werden Sie erfolgreich sein. Auch außerbiblisch gibt es für die Wirkmächtigkeit anschaulicher Sprache unzählige Belege. Es klingt anders, ob Sie von mehreren Hektar zu bebauender Grünfläche sprechen oder den Umweltschützern beipflichten, dass hier eine Fläche so groß wie acht Fußballfelder komplett betoniert werden würde. Der verstorbene Ex-Bundesaußenminister Guido Westerwelle hat einmal mit folgender Metapher Schlagzeilen gemacht: „Schwarz und Grün passt so gut zusammen wie Lakritze und Spinat."[33] Was war gemeint? Die Idee, eine schwarz-grüne Koalition, als ein Bündnis von CDU mit den Grünen in Erwägung zu ziehen. Anschauliche Bilder, die Ihre Kompetenz unterstreichen, brauchen Sie nicht intuitiv, quasi aus dem Stegreif zu entwickeln. Eine gute Vorbereitung zeichnet patente Führungskräfte auch in diesem Punkt aus.

3) Sei Empfänger, Adressaten orientiert → Wein und Brot als eucharistische Gaben. Weinbau, Saat- und Erntethemen, Fischfang und die Vögel am Himmel als alltagsbekannte Lehrthemen. Jesus spricht zu jedem Adressatenkreis in der richtigen Sprache. Die Menschen seiner Zeit sind mit den von ihm gewählten Bildern und Themen vertraut. Welche Vorkenntnisse, Fragen und Meinungen hat Ihr Publikum? Wenn Sie die Antworten hierauf in Ihre Rede, Ihre Ansprache, Ihr Mitarbeitergespräch einbauen, werden Sie Ihre Gesprächspartner auch tatsächlich errei-

33 www.focus.de/politik/zitate/guido-westerwelle-lakritze-und-spinat_aid_576873.html

chen. Dann kommunizieren Sie – wie Jesus – beziehungsstark. Der Wurm muss dem Fisch schmecken und nicht dem Angler, lautet eine alte rhetorische Weisheit, die Sie sich gerne einprägen dürfen. Langweilende Monologe sind out, kompetente Führungskräfte sprechen dialogisch.

4) Engagiere dich → Der hl. Augustinus, ein glühender Christus-Nachfolger aus dem vierten Jahrhundert nach Chr., hat hierzu ein nicht zu toppendes Motto kreiert: „In dir muss brennen, was du in anderen entzünden willst.“[34] Augustinus hat das Geheimnis der Heilsbotschaft Jesu verstanden. Sei mit Leib und Seele bei der Sache. Quassle nicht nur, sondern überzeuge auch durch Taten. Die Kombination aus Verkündigung und wunderwirkenden Taten ist in Jesus einzigartig vorhanden. Wenn Sie als Führungskraft für Ihre Abteilung, Ihre Produkte, Ihren Teamzusammenhalt, für Ihre Mission brennen, dann werden Sie viele Kunden, neue Mitarbeiter und Unterstützer gewinnen. Engagement motiviert. Doch sollte immer gelten: Brennen Sie ohne auszubrennen.

5) Höre gut zu → Die Kunst des Zuhörens gehört zur Hohen Schule. Interessiert, aufmerksam und fokussiert zu sein, verlangt nach zwei Grundhaltungen:

a) Mein Mitarbeiter, mein Kunde ist kein lästiger Zeiträuber oder Konfrontations-Gegner. Grundsätzlich begegne ich meinem Gegenüber als (Gesprächs-) Partner;

---

34 Siehe Fußnote 12, Seite 43.

b) nur durch Zuhören und Hinsehen kann ich kapieren. Und, nur wenn ich verstanden habe, kann ich einverstanden sein oder gegenteilig argumentieren.

Entscheiden Sie selbst, ob Sie die folgende Falle auch herausgehört, bzw. bemerkt hätten: „Einige Pharisäer und einige Anhänger des Herodes wurden zu Jesus geschickt, um ihn mit einer Frage in eine Falle zu locken. Sie kamen zu ihm und sagten: Meister, wir wissen, dass du immer die Wahrheit sagst und dabei auf niemand Rücksicht nimmst; denn du siehst nicht auf die Person, sondern lehrst wirklich den Weg Gottes. Ist es erlaubt, dem Kaiser Steuern zu zahlen, oder nicht? Sollen wir sie zahlen oder nicht zahlen? Er aber durchschaute ihre Heuchelei und sagte zu ihnen: Warum stellt ihr mir eine Falle? Bringt mir einen Denar, ich will ihn sehen. Man brachte ihm einen. Da fragte er sie: Wessen Bild und Aufschrift ist das? Sie antworteten ihm: Des Kaisers. Da sagte Jesus zu ihnen: So gebt dem Kaiser, was dem Kaiser gehört, und Gott, was Gott gehört! Und sie waren sehr erstaunt über ihn." (Mk 12,13-17)

Als Jude dem römischen Kaiser Steuern zu zahlen, galt für die oben genannten Freiheitskämpfer, die Zeloten, als Verrat an Gott. Hätte Jesus zur Zahlungsverweigerung aufgerufen, hätte er als Staatsverräter gegolten. Jesus hat ganz genau zugehört und auf die Zwischentöne geachtet. Nur deshalb konnte er die Falle erkennen. Den Fragenden ging es nicht um die Wahrheit oder seine Meinung. Egal, ob er Ja oder Nein gesagt hätte, wäre er geliefert gewesen. Das wollten Sie erreichen. Seine Reaktion ist spitze. Das Geld gehört doch dem Kaiser – schließlich ist sein Konterfei darauf – also stellt sich eure Frage, wem diese Denare zustehen, gar nicht. Nur derjenige der zuhört, ist klar im Vorteil.

6) Frage nach → Meistens glauben wir, superschnell zu wissen was der andere mit seiner Aussage gemeint hat. Sogar körpersprachliche Signale halten wir oft für glasklar. Vorsicht Falle! Unsere Ausdrucksweisen sind total vielfältig und mehrdeutig. Beschreiben Sie, was bei Ihnen angekommen ist und fragen Sie nach, was Ihr Gesprächspartner damit meint. Ein Coach-Kollege geht regelmäßig zwecks Reflektion zu einem Mentor, der wahrnehmungsstark häufiger fragt: „Können Sie Ihr Gesicht bitte mal in Worte fassen?"

Jesus stellte unzählige Fragen, interessanterweise auch in Situationen, die eindeutig, missverständnisfrei erscheinen konnten. Herausragend in diesem Kontext finde ich die Heilung eines Blinden bei Jericho. Markus berichtet, der blinde Bettler Bartimäus hört, dass Jesus und seine Jünger auf der Straße gehen an der er sitzt und bettelt. Bartimäus ruft laut: „Sohn Davids, Jesus, hab Erbarmen mit mir. Viele wurden ärgerlich und befahlen ihm zu schweigen. Er aber schrie noch viel lauter: Sohn Davids hab Erbarmen mit mir! Jesus blieb stehen und sagte: Ruft ihn her!" (Mk 10,47b-49a) Bartimäus läuft voll Freude zu Jesus. Es folgt keine Rüge wegen des lauten Schreiens, aber auch kein blinder Aktionismus. Jesus könnte ihn trösten oder die anwesende Menschenenge um Spenden für den Bettelarmen bitten. Jesus fragt nach: „Was soll ich dir tun?" Der Blinde antwortete: Rabbuni, ich möchte wieder sehen können. Da sagte Jesus zu ihm: Geh! Dein Glaube hat dir geholfen. Im gleichen Augenblick konnte er wieder sehen, und er folgte Jesus auf seinem Weg." (Mk 10,51-52)

7) Sorge für das passende Setting → Bestimmt kennen Sie die Bergpredigt Jesu. Ein unvergleichlicher Inhalt und ein famoses Setting werden vom Evangelisten Matthäus vorgestellt: Die Seligpreisungen, das Vaterunser und die Feindesliebe verkündet Jesus in Gottes freier Natur. „Als Jesus die vielen Menschen sah, stieg er auf einen Berg. Er setzte sich, und seine Jünger traten zu ihm. Dann begann er zu reden und lehrte sie." (Mt 5,1f.) Sichtbar für die versammelte Menschenmenge, da er oben auf der Anhöhe steht, und hörbar, von oben nach unten, trägt Jesus vor. Beim sogenannten Brotwunder, der Speisung der Fünftausend weist Jesus an, „den Leuten zu sagen, sie sollten sich in Gruppen ins grüne Gras setzen." (Mk 6,39) Zu hundert und zu fünfzig nehmen sie auf der Wiese Platz.

In Tabgha, am See Gennesaret, wird die Wiese des Brotwunders vermutet. Auf einer Israelreise konnte ich in der an diesem Ort errichteten Kirche einen Gottesdienst mitfeiern, mit Blick auf die schöne biblische Landschaft. Ich habe die 5000 in Gruppen aufgeteilt förmlich vor mir gesehen. Jesus hatte es so angeordnet, dass er trotz der großen Menschenmenge alle sehen, zu allen direkt sprechen konnte. Die Gruppen saßen, so stellte ich es mir dort vor Ort vor, mit recht geringem Abstand wie Perlen an einer Schnur halbkreisförmig vor Jesus. Mit dem so genannten M-Blick konnte Jesus jede Gruppe nacheinander anschauen, ohne die jeweils anderen aus dem Blick zu verlieren. Das M als Blicktipp verhindert hektisches Hin- und Hergucken oder das Übersehen, Nichtbeachten einzelner. In einer leichten Wellenbewegung – wie bei einem Schreibschrift-M – wird von einem Punkt, einer Personengruppe ausgehend, die Blickrichtung bogenartig fortgesetzt. Von der ersten bis zur letzten Gruppe und wieder zurück zum Ausgangspunkt nimmt der geübte Redner alle nacheinander in den Blick, mal von links nach rechts, mal von der Mitte nach außen, mal andersherum. Wichtig ist: Nicht nur die Augen wenden sich dem Zuschauer zu, der Präsentierende richtet seinen ganzen Körper mit der Blickrichtung zu den Adressaten. Ein zugewandter Blick plus eine zugewandte Körperhaltung ergeben eine eindeutige Botschaft. Ich meine dich, ich spreche zu Ihnen, ich registriere dich, ich bin an Ihnen interessiert. Amerikanische Präsidenten haben, spätestens seit Ronald Reagan, diese gute Mischung aus Setting-Verständnis plus M-Blick übernommen. Große öffentliche Reden in Hallen, im Freien folgen immer wieder einem probaten Schema. Der Präsident wendet sich schräg nach links, in der Zeigersprache etwa auf neun bis zehn Uhr, schaut bewusst in Richtung der dort stehenden Menschen und spricht sie so direkt an. Nach spätestens vier bis fünf Sätzen richtet er sich dann mittig aus – zwölf Uhr-Stellung – und baut via Körperhaltung und Blick die Beziehung zum dort sitzenden oder stehenden Publikum auf. Folgerichtig kommt dann die Drehung nach rechts – zwei bis drei Uhr –, um auch die dort Befindlichen in die Rede mit hineinzunehmen. Dieser raumüberschauende M-Blick wird dann bis zum Redeende beibehalten. Bei den rhetorisch schwächeren Präsidenten werden übrigens drei Teleprompter-Bildschirme rechts, mittig und links vom Rednerpult platziert, um dem Vortragenden seinen Rede- oder Lesetext einzublenden. Das Setting sollte den direkten Zugang zum Adressaten möglich machen. Wer gesehen wird, fühlt sich gemeint.

Verschanzen Sie sich hinter Ihrem Chefschreibtisch in Mitarbeitergesprächen? Bieten Sie einen Platz auf Augenhöhe an, über Eck oder Vis à Vis? Das rechte Maß an körperlicher, räumlicher Nähe und Distanz ist neben dem Augenkontakt entscheidend für gelingende Gespräche. Viele Nuancen des Settings fördern oder blockieren Beziehungsaufbau und Dialog. Mit aller Ernsthaftigkeit: Wenn Sie Ihre Mitarbeiter, Vorgesetzten und Kollegen wertschätzen und erreichen wollen, flirten Sie! Offen anschauen, nicht mustern von Kopf bis Fuß, freundlich zuwenden, nicht aufdrängen. Kommunikation ist immer Interaktion, also aktive Beziehungsarbeit. Probieren Sie es aus!

Das moderne 8. Gebot: Wähle den passenden Kanal. Whatsapp, E-Mail, Skype – unvorstellbar zu Jesu Zeiten, heutzutage jedoch Kommunikationswege für fast die ganze Welt. Schreiben Sie, rufen Sie an, schicken Sie eine MMS? Welcher Kanal übersendet Ihre Botschaften am geeignetsten? Dazu nur ein kleiner Impuls. Eine reine Infoweitergabe oder das schon skizzierte Quittieren funktionieren problemlos via Whatsapp oder SMS. Rückmeldungen und Absprachen sind am Telefon oder per E-Mail meistens gut kommunizierbar. Mitarbeitergespräche, Verhandlungen und das bereits erwähnte Feedback funktionieren nur im persönlichen Gespräch. Denn hier sind die direkten, eben auch körpersprachlichen Reaktionen des Empfängers von großer Bedeutung. „Wieviel wurde verstanden und ist mein Gegenüber einverstanden?“, lässt sich nur im direkten dialogischen Austausch beantworten. Dazu einige bemerkenswerte Zahlen: Wenn wir etwas sehen, behalten wir im Durchschnitt 10-15%. Der Rest wird weder registriert geschweige denn dauerhaft gespeichert. Mit dem auditiven Kanal, also durch normales Hören, könnten wir zwar ziemlich viel erfassen, behalten jedoch lediglich etwa 20% des Gehörten. Beim Lesen verhält es sich sehr ähnlich. Wir liegen bei einer sog. Behaltensgraduierung von etwa 25%. Somit liegt auf der Hand, mehrere Kanäle zur Vermittlung wichtiger Informationen anzubieten. Im Idealfall übrigens können wir eine Quote von 90% erreichen. Die Zauberformel lautet Erleben, mit allen aktiven Sinnen nahezu gleichzeitig wahrzunehmen. Jesus ist in einer bestimmten Situation dabei schon fast magisch wahrnehmend. Er wird von Jairus, einem angesehenen Synagogenvorsteher angefleht sofort zu ihm nach Hause zu kommen. Seine kleine Tochter liegt im Sterben. „Komm und leg ihr die Hände auf, damit sie wieder gesund wird und am Leben bleibt. Da ging Jesus mit ihm. Viele Menschen folgten ihm und drängten sich um ihn.“ (Mk 5, 23b-24) Jetzt geschieht es. Keiner außer Jesus bemerkt es. Eine seit zwölf Jahren kranke Frau nutzt das Gedränge, um Jesus unbemerkt, anonym zu berühren. „Denn sie sagte sich: Wenn ich auch nur sein Gewand berühre, werde ich geheilt.“ (Mk 5,28) Und weiter heißt es bei Markus: „Sofort hörte die Blutung auf und sie spürte deutlich, dass sie von ihrem Leiden geheilt war. Im selben Augenblick fühlte Jesus, dass eine Kraft von ihm ausströmte, und er wandte sich in dem Gedränge um und fragte: Wer hat mein Gewand berührt? Seine Jünger sagten zu ihm: Du siehst doch, wie sich die Leute um dich drängen, und da fragst du: Wer hat mich berührt?" Doch Jesus lässt sich nicht beirren. Das war keine zufällige Berührung, dahinter musste mehr stecken. „Er blickte umher, um zu sehen, wer es getan hatte." (Mk 5,32) Und schließlich kommt die Frau zu ihm. Ängstlich verlässt sie ihre Anonymität und bestätigt in allen Punkten was Jesus wahrgenommen hatte. „Er aber sagte zu ihr: Meine Tochter, dein Glaube hat dir geholfen. Geh in Frieden! Du sollst von deinem Leiden geheilt sein." (Mk 5,34) Ehrensache, dass er anschließend auch noch Jairus' Tochter rettete (vgl. Mk 5,35-43).

In einer Kommunikationsschulung für leitende medizinisch-technische Assistenten (MTA) ergab sich folgende Frage: „Herr Jäger, was können wir ändern, wenn unsere Patienten uns offensichtlich falsch verstehen?" Ich fragte nach konkretisierenden Beispielen. Und diese häufig vorkommende Problematik wurde geschildert: Die MTA holt den Patienten aus der Anmeldung oder aus dem angegliederten Wartebereich zum MRT oder Röntgen ab. Die dann folgende standardisierte Mini-Unterweisung für den Patienten scheint ganz klar zu sein, missverständnisfrei: „Bitte gehen Sie in diese Kabine. Schließen Sie die Tür von innen ab. Machen Sie Ihren Oberkörper frei, legen allen

Schmuck ab und lassen Kleidung und Schmuck in der verschlossenen Kabine. Ich hole Sie auf der anderen Seite an einer zweiten Tür ab und führe Sie zum Gerät." Etwa 80% aller Patienten machen es dann erwartungswidrig anders:

- Viele haben zwar Jacke und Pullover abgelegt, aber Unterhemd, BH oder Schmuck noch an.
- Manche haben ihre komplette Kleidung überm Arm, demnach nicht wie angewiesen in der Kabine gelassen.
- Einige haben offenbar Oberkörper nicht verstanden und kommen splitterfasernackt aus der Kabine.
- Zwar nur wenige, aber immerhin 3% der Missverständnisfälle kommen ebenfalls komplett nackt heraus, aber aus der falschen Tür und stehen somit im Adam-und-Eva-Kostüm wieder an der Anmeldung.

Was ist hier kommunikativ ratsam? Meine Antwort lautete: Nutzen Sie mehrere Kanäle!

Reines Erzählen, ein aneinandergereihtes Aufzählen von gewünschtem Patientenverhalten überfordert den Empfänger. Wir erinnern uns: der Behaltensgrad beim Hören liegt bei mageren 20 %. Der Rest wird nicht registriert und kann folglich auch nicht umgesetzt werden. Dazu kommt die Grundnervosität der allermeisten Patienten. Röntgen, CT oder gar ein MRT sind kein Spaß. Viele haben Angst vor der Untersuchung und der anschließenden Diagnose. Ängstlichkeit plus zu viele Infos, gesendet auf dem auditiven Kanal, führen zu den oben beschriebenen Missverständnissen. Mein konkreter Rat wurde in kürzester Zeit von den Praxisverantwortlichen umgesetzt. Neben der mündlichen Erklärung finden die Patienten jetzt nämlich in jeder Kabine, gut sichtbar angebracht, eine schriftliche Information. Mit Piktogrammen unterlegt steht dort stichwortartig zusammengefasst das Wichtigste für einen reibungslosen Untersuchungsverlauf. Übrigens, sinnvoll im Ruhrgebiet, auf Deutsch und auf Türkisch. Die aktuelle Quote von Missverständnissen liegt bei weniger als 10%. Nackte an der Anmeldung wurden schon lange nicht mehr gesehen.

Stimmt der Kanal, passt das kommunikative Ergebnis!

Wissen to go

Kommunikative Kompetenz ist unersetzlich, das Setting, die Körpersprache und die Wahl des passenden Kanals transportieren erst ihre Inhalte.
Reden ist Silber, Schweigen ist Gold und die richtige Kombination aus beidem ist wertvoll wie die Kronjuwelen.

19. Macht macht an

Was verbinden Sie, liebe Leser, mit dem Begriff Macht? Welche Assoziationen entstehen? Vermutlich reicht die Palette vom Machthaber bis zum Machtmissbrauch. Ist es schlimm oder gar böse, Macht zu haben? Jesus – so vermitteln die Evangelien – hatte die Macht Dämonen (so etwas wie „unreine Geister“ oder modern ausgedrückt Zwangsstörungen) auszutreiben; Lahme, Taube und Blinde zu heilen und sogar Sünden zu vergeben. Ist Macht also etwas überwiegend Positives oder der Weg zur „dunklen Seite“?

Sprachlich, etymologisch ist das Wort „Macht“ auf das indogermanische „magh“ (können, vermögen, fähig sein) bzw. das gotische Verb „magan“ (machen, können, vermögen) zurückzuführen.[35]

Somit hat im eigentlichen Sinn des Wortes jeder von uns ein Macher-Gen und damit Macht. Die entscheidende Frage aus der christlichen Perspektive lautet: Wie gehen wir mit unserer Macht um? Insbesondere Führungspositionen, gesellschaftlich und politisch einflussreiche Ämter verlangen einen verantwortungsvollen Umgang mit der jeweiligen Macht. Zuhause, in den Familien, in den Schulen, den Ausbildungsbetrieben bis hin zum beruflichen Alltag ganz vieler von uns, finden sich Strukturen, die auf Hierarchien aufbauen. Plakativ ausgedrückt gibt es auf der einen Sei-

35 https://www.socialnet.de/lexikon/Macht

te die Bestimmer (Eltern, Lehrer, Vorgesetzte) und auf der anderen Seite die Untergebenen. Denkt man diese Strukturen weiter, ergeben sich Brutstätten für Machthaber, die ihre Position ausnutzen, um zu unterdrücken. Diejenigen, die sich herausragend, wichtig, maßgeblich, heroisch sehen, missbrauchen häufig die ihnen zugewiesene Macht. Im Film ‚Die letzte Stufe' erklärt der von den Nazis inhaftierte Dietrich Bonhoeffer – famos von Ulrich Tukur dargestellt – seinem Gefängniswärter auf prägnant-verständliche Weise, wann es gut ist, bewusst die Unwahrheit zu sagen: Wenn der Lehrer seinen Schüler vor der ganzen Klasse fragt, ob sein Vater wieder einmal betrunken nach Hause gekommen sei. Dann muss der Junge auf keinen Fall die Wahrheit sagen. Er handelt gut, wenn er die Unwahrheit sagt. Denn der Lehrer missbraucht seine Macht, indem er diese Frage stellt und den Jungen vorführen will.

Wie ist Machtmissbrauch wirkungsvoll zu begegnen?

Jesus, der Manager aus Nazareth, hat dazu ganz eindeutig Stellung bezogen. Angesichts der weltpolitischen Lage unseres Jahrzehnts ist ein Blick auf seine Machthandhabung nicht nur erhellend, sondern beinhaltet aus meiner Sicht die Lösung vieler gesellschaftlicher Missstände. Wie, wann und durch wen erhält man Macht? Wie mächtig sind Machthabende wirklich? Hierzu ein weltbekanntes Beispiel: Pilatus, der von den römischen Machthabern zur Zeit Jesu installierte Statthalter – übrigens der einzige Mensch, der im christlichen Glaubensbekenntnis außer Jesu Mutter Maria namentlich festgehalten ist –, konfrontiert Jesus im Prozess um Leben und Tod mit den folgenden Worten: „Da sagte Pilatus zu ihm: Du sprichst nicht mit mir? Weißt du nicht, dass ich Macht habe, dich freizulassen, und Macht, dich zu kreuzigen?“ Jesu Antwort darauf öffnet die wahre Dimension von Macht: „Jesus antwortete ihm: Du hättest keine Macht über mich, wenn es dir nicht von oben gegeben wäre; [...] Daraufhin wollte Pilatus ihn freilassen, aber die Juden schrien: Wenn du diesen freilässt, bist du kein Freund des Kaisers; jeder, der sich zum König macht, lehnt sich gegen den Kaiser auf.“ (Joh 19,10-12). Und dann zeigt sich die Angst vor dem noch mächtigeren Kaiser, das fehlende Rückgrat des Machthabers Pilatus, seinen Worten entsprechende Taten folgen zu lassen. Er knickt ein. „Da lieferte er ihnen Jesus aus, damit er gekreuzigt würde.“ (Joh 19,16a)

Macht ist immer zeitlich begrenzt, oft eingeschränkt durch konkurrierende Machthaber und in vielen Fällen eben nicht an eine bestimmte Person gebunden, sondern lediglich an die von ihm bekleidete Funktion. „Jeder Mensch ist ersetzbar.“ Diese volkstümliche Weisheit halte ich für unpräzise formuliert. Alle Menschen, ausgestattet mit ihren individuellen Lebensgeschichten und ihren Beziehungsgeflechten sind einmalig, sind nicht ersetzbare Originale. Ihre Funktionen und Positionen innerhalb der Gesellschaft aber sind ersetzbar. Zur Verdeutlichung, jeder James Bond-Darsteller hatte seinen eigenen Stil, ein persönlichkeitsgeprägtes Profil, alle bisherigen 6 Bonds waren 007. Im neuesten

Film ‚Keine Zeit zu sterben' trägt vorrübergehend die Agentin Nomi, gespielt von Lashana Lynch die sagenumwobene Doppelnullnummer. Alle 7 „007" waren ausgestattet mit der Macht, der Lizenz zum Töten. Statthalter wie Pilatus, Agenten wie Bond, Bundeskanzler, Präsidenten, Leiter von Hilfsorganisationen, Firmenchefs und auch Päpste gab und gibt es en Masse. Keiner von Ihnen hat seine Macht mit dem Ausscheiden aus dem jeweiligen Amt mitnehmen können. Spätestens mit dem Ende der irdischen Lebenszeit endet die weltliche Macht und Herrlichkeit. Vielleicht ist das Erkennen dieser Tatsache auch ein Antrieb für viele machtgierige Menschen, stärker, berühmter, reicher und einflussreicher sein zu wollen, als der Vorgänger im Amt oder wenigstens als der Nachbar, der Berufskollege, oder der Chef selbst. Wenn es Personen mit derartigen Machtfantasien gelingt in maßgebliche Positionen zu gelangen, entscheiden sie nur aus Machterhaltungs- und Machtvermehrungstrieb über die Schicksale von einzelnen Menschen, von ganzen Familien und Teams, von (Glaubens-)Gemeinschaften, Völkern und ganzen Nationen. Allein der Blick auf die Despoten der letzten 100 Jahre zeigt, wie verheerend Macht in den falschen, d.h. in verantwortungslosen Händen ist. Kein Säugling wird als Machthaber, gar als Despot geboren. Selbst dann nicht, wenn genetische oder Erblinien dies begünstigen können. Entscheidungsmacht, Gewaltmacht, besser Herrschermacht, zu erringen, scheint mindestens so verführerisch zu sein wie der Gesang der Sirenen.

Diese Machtfantasien und -varianten begegnen mir sehr häufig auch in Unternehmen mit manifesten Hierarchien. Leitungs- und Führungsrigen werden konsequent von oben nach unten durchdekliniert. Einem Kastensystem ähnlich bedeutet der jeweils höhere Rang mehr Gehalt, mehr Entscheidungsbefugnis, oft mehr Ansehen und in jedem Fall mehr Einflussmacht. Sehr ähnlich zu einem physikalisch-naturgesetzlichen Kräfteausgleich führen machtbasierende Systeme zu konternden Gegenbewegungen. Auffällige Krankmeldungszahlen, das offene oder indirekte Ablehnen des Einspringens für die Kollegen, Intrigen und brodelnde Gerüchteküchen in den einzelnen Abteilungen sind deutliche Zeichen für unzufriedene und sich auf ihre Art auflehnende Mitarbeiter. Viele versuchen dem jeweils anderen zu zeigen, wer der Stärkere ist. Derartige Machtkämpfe sind letztendlich initiiert von einem machtbestimmenden und machtbegrenzenden System. Diese Systeme bestehen aus der tradierten Vorstellung, ein Häuptling, viele Indianer, ein Chef, viele Untergebene. Einige kurze Beispiele dazu aus unserem gesellschaftlichen Alltag. In hierarchisch organisierten Unternehmen erhält die Führungsperson ihre Anweisungsbefugnis sowie die Entscheidungsmacht aufgrund ihrer Position im Betrieb. Eltern verfügen über eine natürliche Vormachtstellung als Ernährer, Erzieher und Beschützer ihrer Kinder. Politiker erhalten ihre jeweilige Regierungsmacht durch entsprechende Mandate, also durch die Voten der Wahlberechtigten. Alle drei Beispielpersonenkreise verbindet, dass die jeweiligen Machtstellungen ohne einen messbaren Kompetenznachweis bezogen werden können. In meinen Team- und Konfliktcoachings höre ich dazu oft folgende

Sätze: „Wer hat diesen arroganten, abgehobenen Typen nur zum Chef gemacht?“; „Wie kann ein solcher Theoretiker ohne Praxiserfahrung Abteilungsleiter werden?“; „Für sämtliche Fahrzeugführungen muss man einen Führerschein machen, warum gibt es keinen Kinderführerschein für Eltern?“; „Wie ist es möglich, dass bestimmte Politiker von einem Ministerium ins nächste wechseln, genügt denn das Parteibuch als Nachweis fachlicher Kompetenz?“

Die Bibel belegt, dass auch Jesus sich mächtig über Inkompetenz und Heuchelei der Mächtigen echauffieren konnte. Die Pharisäer und Schriftgelehrten, eben die kultischen Machthaber zur Zeit des Managers aus Nazareth, wurden von Jesus immer wieder mit der Kompetenzthematik konfrontiert und das Volk vor ihnen gewarnt: „Darauf sprach Jesus zum Volk und zu seinen Jüngern und sagte: Auf dem Stuhl des Mose sitzen die Schriftgelehrten und die Pharisäer. Tut und befolgt also alles, was sie euch sagen, aber richtet euch nicht nach ihren Taten; denn sie reden nur, tun es aber nicht. Sie schnüren schwere und unerträgliche Lasten zusammen und legen sie den Menschen auf die Schultern, selber aber wollen sie keinen Finger rühren, um die Lasten zu bewegen.“ (Mt 23,1-4) Ganz spannend ist in diesem Zusammenhang auch das Markusevangelium im 7. Kapitel. Sinngemäß formuliert Jesus: „Ihr Pharisäer und Schriftgelehrten habt zwar die Machtpositionen inne, aber ihr habt das Wesentliche überhaupt nicht begriffen.“ (vgl. Mk 7,1-23) Jesus lehnt sich gegen ihre missbrauchende Machtherrschaft auf. Er könnte sich ihnen auch anschließen, sich in ihrem vermeintlichen Glanz sonnen und von ihrem Gesellschaftseinfluss profitieren. Aber es hätte seinen Werten der Gottes- und Nächstenliebe, der Unterstützung der Unterdrückten diametral widersprochen. Bis zum Äußersten, nämlich bis zu seiner Anklage, Verurteilung und Kreuzigung durch eben jene Machthaber knickt Jesus nicht ein. Ich halte das für die christlichste Botschaft der Welt, seine Feinde zu lieben und dort, wo die Liebe nicht greift, das Unrecht anzuprangern und dagegen vorzugehen. Der Manager aus Nazareth, der Jesus Christus liefert auch in unserer heutigen Zeit den Schlüssel zum Umgang mit den selbst ernannten Mächtigen in dieser Welt oder mit denjenigen, deren Machtanspruch diabolisch geführt zu sein scheint. Widerstand ist nicht zwecklos, sondern zweckmäßig!

Wie lässt sich verantwortungsbewusst mit der eigenen Machtposition umgehen?

Jesus selbst hat seine Mitarbeiter, seine Jünger nach persönlichen Fähigkeiten und Kompetenzen ausgewählt (Siehe das Kapitel: Der größte Evokator aller Zeiten). Zudem hat er sich an keiner Stelle machthaberisch über sein Jüngerteam erhöht. Jesus war der Gründer des Unternehmens der Verkündigung des Reiches Gottes auf Erden. Aber er war nicht der regierende König, der machtbündelnde Sektenführer oder Ähnliches. Jesus war Vorbild, Rabbi, Ratgeber und Pastor zugleich – eben der Manager aus Nazareth.

Ein einzigartiges Vorbild für Führung mit Werten, Herz, Verstand und geteilter Verantwortung. Sein Führungsverständnis können wir aus meiner Sicht am besten mit unserem zeitgenössischen Begriff der lateralen Führung beschreiben. Dieses Führungsverständnis und das damit einhergehende Führungsverhalten basieren auf geteilter Verantwortung, nutzen die Kompetenzen der einzelnen Teammitglieder und können damit auf klassifizierende Hierarchien verzichten.

In den letzten Jahren nimmt dieses Konzept der lateralen Führung lobenswerterweise in Unternehmen und Organisationen immer mehr Platz ein. Es handelt sich um ein Führungsverständnis, das schon in den 1960er Jahren in einigen Organisationen etabliert wurde. Im Sinne des lateinischen Worte latus/lateral (von der Seite) wird die Management-Verantwortung geteilt. Alle Projektbeteiligten oder Teammitglieder nehmen ihre kompetenzgemäßen Plätze ein. Es gibt und braucht keinen Oberhäuptling mehr, der alles letztverbindlich dirigiert oder entscheidet. Keinen Vorgesetzten, der die alleinige Entscheidungs- oder gar Herrschaftsmacht besitzt. Die Führungsverantwortung im lateralen Sinne wechselt mit den jeweils anstehenden Aufgaben und geschieht ohne direkte Hierarchiebeziehungen. In Baubesprechungen beispielsweise referiert der Architekt über den Planungsstand, der Statiker liefert die Machbarkeitsstudien und der Maurer oder Zimmermann prüft die Umsetzbarkeit des Bauvorhabens. Auch in kirchlichen Gremien, in denen ich mich ehrenamtlich engagiere, funktioniert laterale Führung. Kommunikativ gut qualifizierte Personen moderieren die Sitzungen, Wirtschaftsexperten steuern die relevanten Finanzaspekte der Pfarrei bei, seelsorglich Tätige beschreiben den pastoralen Ist-Zustand. Und ich als Coach – auch im Ehrenamt kann ich nicht ganz aus meiner Haut heraus – analysiere und reflektiere die Qualität der Zusammenarbeit der Gremienmitglieder. Hier leitet kein Pastor oder Pfarrer mehr, nur weil er die amtliche Position innehat, wir leiten gemeinsam in geteilter Verantwortung.

Geteilte Verantwortung und kompetenzbasierte Zuständigkeiten verhindern Machtmonopole einzelner Akteure. Die transparente Kommunikation solcher Teams und Gruppen nach innen und außen, schützt weitgehend vor Verschleierungen und Machtspielen. Und – ganz im Sinne der Führungsphilosophie Jesu – stehen die gemeinsamen Werte und Ziele im Mittelpunkt. Hier haben Despoten und Diktatoren keine Chance. Mit den Worten Jesu, biblisch gesprochen bedeutet dies: „Denn wer sich selbst erhöht, wird erniedrigt, und wer sich selbst erniedrigt, wird erhöht werden.“ (Mt 23,12)

Wissen to go

Inkompetenz schadet jeder Führung massiv. Transparenz und geteilte Verantwortung minimieren Machtmissbrauch.

20. SMART

Den Begriff SMART gibt es mittlerweile in verschiedenen Bedeutungsebenen. Smarte Personen beispielsweise sind pfiffig und chic. Die Automarke mit demselben Namen gilt als Einparkwunder. Im Management, insbesondere bei der Entwicklung und Durchführung von Projekten, steht SMART für eine Abkürzung:

Spezifisch, **M**essbar, **A**nsprechend, **R**ealistisch, **T**erminiert.[36]

Wenn wir an dieser Stelle das Jesus-Konzept prägnant zusammenfassen, gewinnt SMART eine neue Bedeutung:

Sozial: Die verantwortliche Führungskraft agiert solidarisch, gesellschaftlich verantwortlich.

Motivierend: Die Führungskraft versteht sich als Impuls- und Ideengeber für das Team.

Anständig: Entscheidungen und Handlungen der Führungsperson sind moralisch vertretbar und ethisch reflektiert.

Richtungsweisend: Visionen, Ziele und deren Erreichbarkeiten werden von der Führungskraft mitkreiert und kontrolliert.

Transparent: Die Führungskraft ist und handelt offen, ehrlich und nachvollziehbar.

36 https://de.wikipedia.org/wiki/SMART_(Projektmanagement)#Alternative_Aufl.C3.B6sungen

Ich wünsche Ihnen im doppelten Sinne smart zu sein, unabhängig davon, welches Auto Sie fahren. Smart im Sinne des Jesus-Konzeptes bringt Sie auf die richtige Spur.

Hinweise

Der Verlag weist ausdrücklich darauf hin, dass bei Links im Buch zum Zeitpunkt der Linksetzung keine illegalen Inhalte auf den verlinkten Seiten erkennbar waren. Auf die aktuelle und zukünftige Gestaltung, die Inhalte oder die Urheberschaft der verlinkten Seiten hat der Verlag keinerlei Einfluss. Deshalb distanziert sich der Verlag hiermit ausdrücklich von allen Inhalten der verlinkten Seiten, die nach der Linksetzung verändert wurden, und übernimmt für diese keine Haftung. Alle Internetlinks zuletzt abgerufen am 11. 04. 2022.